U0156817

建筑工程施工与项目管理探索

邓　毓　范　伟　李海艳 ◎ 著

中国建材工业出版社

北　京

图书在版编目（CIP）数据

建筑工程施工与项目管理探索/邓毓,范伟,李海
艳著.--北京:中国建材工业出版社,2024.4
　ISBN 978-7-5160-4037-9

　Ⅰ.①建… Ⅱ.①邓… ②范… ③李… Ⅲ.①建筑工
程－工程施工－工程项目管理－研究 Ⅳ.①TU71

中国国家版本馆 CIP 数据核字(2024)第 026127 号

内 容 简 介

　　本书是工程管理方向的书籍,主要研究建筑工程施工与项目管理,本书从建筑
工程项目管理理论与施工组织介绍入手,对地基与基础工程施工、主体结构工程施
工、防水工程施工、装饰装修工程施工作了阐述,并对建筑工程项目的合同管理、
成本管理、质量管理以及资源管理进行了分析研究。另外,基于现代化技术发展,
探讨了建筑工程施工信息化技术应用管理,着重对 BIM 技术与信息化建筑施工管理
的结合应用提出了一些建议。本书对建筑工程施工管理及信息化技术的应用有一定
的指导意义。

建筑工程施工与项目管理探索
JIANZHU GONGCHENG SHIGONG YU XIANGMU GUANLI TANSUO
邓 毓 范 伟 李海艳 著

出版发行:中国建材工业出版社
地　　址:北京市西城区白纸坊东街2号院6号楼
邮政编码:100054
经　　销:全国各地新华书店
印　　刷:北京四海锦诚印刷技术有限公司
开　　本:787mm×1092mm　1/16
印　　张:8
字　　数:150 千字
版　　次:2024 年 4 月第 1 版
印　　次:2024 年 4 月第 1 次
定　　价:88.00 元

前　言

随着国家经济的发展，人民生活水平的提高，人们对建筑工程项目提出了个性化要求，在此背景下，对工程施工的管理显得格外重要。面对错综复杂的施工活动，如何高质量、短工期、高效益以及安全地完成工程项目，就成为建筑施工企业关注的焦点。对于建筑施工企业来说，只有在加强质量管理、狠抓安全管理的同时做好进度管理、成本核算等工作，充分借助信息技术等对工程施工进行管理，才能实现自身的持续发展。

建筑物是人们工作、生活的场所，直接关系着国计民生，建筑工程的质量与安全是人们关注的焦点，只有全面做好施工管理，才能确保建筑物的安全，达到建筑质量的整体要求。建筑工程的管理工作内容较广泛，涉及工程建设的准备、施工、验收等不同方面，通过科学的管理，实现掌握进度、控制成本、保证质量、保障安全的目标。建筑管理工作受建筑周期的影响，存在于建设的全过程，只有不断地提高管理能力与水平，才能确保露天高空作业安全，使各道工序按期推进。

本书从建筑工程项目管理理论与施工组织介绍入手，对地基与基础工程施工、主体结构工程施工、防水工程施工、装饰装修工程施工作了阐述，并对建筑工程项目的成本管理、质量管理以及资源管理进行了分析研究。对建筑工程施工管理有一定的指导意义。

建筑工程施工技术与管理的发展日新月异，限于作者的水平，本书内容难免出现滞后及不足之处，欢迎广大师生及读者批评指正。

著　者

2023 年 10 月

目　录

第一章　建筑工程项目管理理论与施工组织

第一节　建筑工程项目管理概述

一、建筑工程项目管理概述

（一）建筑工程项目管理的含义

建筑工程项目管理的内涵：自项目开始至项目完成，通过项目策划和项目控制，以使项目的费用目标、进度目标和质量目标得以实现。

"自项目开始至项目完成"指的是项目的实施期；"项目策划"指的是目标控制前的一系列筹划和准备工作；"费用目标"对业主而言是投资目标，对施工方而言是成本目标。项目决策期管理工作的主要任务是确定项目的定义，而项目实施期管理工作的主要任务是通过管理使项目的目标得以实现。

项目是一种一次性的工作，它应当在规定的时间内，在明确的目标和可利用资源的约束下，由专门组织起来的人员运用多种学科知识来完成。

（二）建筑工程项目管理的特点

1.复杂性

工程项目建设时间跨度长、涉及面广、过程复杂、内外部各环节链接运转难度大。项目管理需要各方面人员组成协调的团队，要求全体人员能够综合运用包括专业技术和经济、法律等知识，步调一致地进行工作，随时解决工程项目建设过程中出现的问题。

2.一次性

工程项目具有一次性的特点，没有完全相同的两个工程项目。即使是十分相似的项目，在时间、地点、材料、设备、人员、自然条件以及其他外部环境等方面也都存在差异。项目管理者在项目决策和实施过程中必须从实际出发，结合项目的具体情况，因地制宜地处理和解决工程项目存在的实际问题。因此，项目管理就是将前人总结的建设知识和

经验创造性地运用于工程管理实践中。

3.寿命周期性

项目的一次性决定项目有明确的结束点，即任何项目都有其产生、发展和结束的时间，也就是项目具有寿命周期。在项目寿命周期内，在不同的阶段都有特定的任务、程序和内容。

4.专业性

工程项目管理需对资金、人员、材料、设备等多种资源进行优化配置和合理使用，其专业技术性强，需要专门机构、专业人员来进行。

(三) 建筑工程项目的基本建设程序

建筑工程项目建设程序是指工程项目从策划、评估、决策、设计、施工到竣工验收、投入生产或交付使用的整个建设过程中各项工作必须遵循的工作次序。

工程建筑是人类改造自然的活动，建设工作涉及的面很广，完成一项建筑工程需要很多方面的密切协作和配合，工程项目建筑程序是工程建设过程客观规律的反映，是建设工程项目科学决策和顺利进行的重要保证。工程项目建设程序是人们长期在工程项目建设实践中得出来的经验总结，其中有些工作内容是前后衔接的，有些工作内容是互相交叉的，有些工作内容则是同步进行的。所有这些工作都必须纳入统一的轨道，遵照统一的步调和次序来进行，这样才能有条不紊地按预定计划完成建设任务并迅速形成生产能力，取得使用效益。建设程序包括以下阶段和内容：

1.项目策划决策阶段

项目策划决策阶段又称为建设前期工作阶段，主要包括编制项目建议书和项目可行性研究报告两项工作内容。

(1)项目建议书

对于政府投资项目，编制项目建议书是项目建设最初阶段的工作。编制项目建议书的主要作用是推荐建设工程项目，以便在一个确定的地区或部门内，以自然资源和市场预测为基础，选择建设工程项目。

项目建议书经批准后，可进行项目可行性研究工作，但并不表明项目非上不可，项目建议书不是项目的最终决策。

(2)项目可行性研究

项目可行性研究是在项目建议书被批准后，对项目在技术上和经济上是否可行所进行的科学分析和论证。

（3）项目可行性研究报告

完成项目可行性研究后，应编制项目可行性研究报告。

2.项目勘察设计阶段

勘察过程：复杂工程分为初勘和详勘两个阶段，为设计提供实际依据。

设计过程：一般分为两个阶段，即初步设计阶段和施工图设计阶段；对于大型复杂项目，可根据不同行业的特点和需要，在初步设计阶段之后增加技术设计阶段。

初步设计是设计的第一步，当初步设计提出的总概算超过可行性研究报告投资估算的10%以上或其他主要指标需要变动时，要重新报批可行性研究报告。

初步设计经主管部门审批后，建设工程项目被列入国家固定资产投资计划方可进行下一步的施工图设计。

施工图一经审查批准，不得擅自进行修改。如需修改必须重新报请原审批部门，由原审批部门委托审查机构审查后再批准实施。

3.项目建筑准备阶段

建筑准备阶段主要内容包括：组建项目法人、征地、拆迁、"三通一平"乃至"七通一平"；组织材料、设备订货；办理建设工程质量监督手续；委托工程监理；准备必要的施工图纸；组织施工招投标，择优选定施工单位；办理施工许可证等。按规定做好施工准备，具备开工条件后由建设单位申请开工，进入施工阶段。

4.项目施工阶段

建筑工程具备了开工条件并取得施工许可证后方可开工。项目新开工时间按设计文件中规定的任何一项永久性工程第一次正式破土开槽时间确定。不需要开槽的项目以正式打桩作为开工时间。铁路、公路、水库等以开始进行土石方工程作为正式开工时间。

5.项目生产准备阶段

对于生产性建筑工程项目，在其竣工投产前，建设单位应适时地组织专门班子或机构有计划地做好生产准备工作，主要包括：招收、培训生产人员；组织有关人员参加设备安装、调试、工程验收；落实原材料供应；组建生产管理机构；健全生产规章制度等。生产准备是由施工阶段转入经营的一项重要工作。

6.项目竣工验收阶段

工程竣工验收是全面考核建设成果、检验设计和施工质量的重要步骤，也是建设工程项目转入生产和使用的标志。验收合格后，建设单位编制竣工决算，项目正式投入使用。

7.项目考核评价阶段

建筑工程项目评价是工程项目竣工投产、生产运营一段时间后对项目的立项决策、设

计施工、竣工投产、生产运营等全过程进行系统评价的一种技术活动，是固定资产管理的一项重要内容，也是固定资产投资管理的最后一个环节。

二、建筑工程项目管理的基本内容

建筑工程项目管理的基本内容包括以下几个方面。

（一）合同管理

建筑工程项目合同是业主和参与项目实施各主体之间明确责任、权利和义务关系的具有法律效力的文件，也是运用市场经济体制、组织项目实施的基本手段。从某种意义上讲，项目的实施过程就是建设工程项目合同订立和履行的过程。一切合同所赋予的责任、权利履行到位之日也就是建设工程项目实施完成之时。

建筑工程项目合同管理主要是指对各类合同的依法订立过程和履行过程的管理，包括合同文本的选择，合同条件的协商、谈判，合同书的签署；合同的履行、检查、变更和违约、纠纷的处理；索赔事宜的处理工作；总结评价等内容。

（二）组织协调

组织协调是工程项目管理的职能之一，是实现项目目标必不可少的方法和手段。在项目实施过程中，项目的参与单位需要处理和调整众多复杂的业务组织关系。组织协调的主要内容如下。

外部环境协调：与政府管理部门之间的协调，如与规划部门、城建部门、市政部门、消防部门、人防部门、环保部门、城管部门的协调；资源供应方面的协调，如供水、供电、供热、电信、通信、运输和排水等方面的协调；生产要素方面的协调，如图纸、材料、设备、劳动力和资金方面的协调；社区环境方面的协调等。

项目参与单位之间的协调：项目参与单位主要有业主、监理单位、设计单位、施工单位、供货单位、加工单位等。

项目参与单位内部的协调：项目参与单位内部各部门、各层次之间及个人之间的协调。

（三）进度控制

进度控制包括方案的科学决策、计划的优化编制和实施有效控制三个方面。方案的科学决策是实现进度控制的先决条件，它包括方案的可行性论证、综合评估和优化决策。只有决策出更为优化的方案，才能编制出更为优化的计划。计划的优化编制，包括科学确定

项目的工序及其衔接关系、持续时间以及编制优化的网络计划和实施措施,是实现进度控制的重要基础。实施有效地控制包括同步跟踪、信息反馈、动态调整和优化控制,是实现进度控制的根本保证。

(四)投资(费用)控制

投资控制包括编制投资计划、审核投资支出、分析投资变化情况、研究投资减少途径和采取投资控制措施五项任务。前两项是对投资的静态控制,后三项是对投资的动态控制。

(五)质量控制

质量控制包括制定各项工作的质量要求及质量事故预防措施、制定各个方面的质量监督和验收制度以及制定各个阶段的质量事故处理和控制措施三个方面的任务。制定的质量要求要具有科学性,质量事故预防措施要具备有效性。质量监督和验收包含对设计质量、施工质量及材料设备质量的监督和验收,要严格检查制度和加强分析。质量事故处理与控制要求对每一个阶段均严格管理和控制,采取细致而有效的质量事故预防和处理措施,以确保质量目标的实现。

(六)风险管理

随着工程项目规模的大型化和工艺技术的复杂化,项目管理者所面临的风险越来越多。工程建设的客观现实告诉人们,要保证建设工程项目的投资效益就必须对项目风险进行科学管理。

风险管理是一个确定和度量项目风险以及制定、选择和管理风险处理方案的过程。其目的是通过风险分析减少项目决策的不确定性,以使决策更加科学以及在项目实施阶段保证目标控制的顺利进行,更好地实现项目的质量目标、进度目标和投资目标。

(七)信息管理

信息管理是工程项目管理的基础工作,是实现项目目标控制的保证。只有不断地提高信息管理水平才能更好地承担起项目管理的任务。

工程项目的信息管理主要是指对有关工程项目的各类信息的收集、储存、加工整理、传递与使用等一系列工作的总称。信息管理的主要任务是及时、准确地向项目管理各级领导、各参加单位及各类人员提供所需的综合程度不同的信息,以便在项目进展的全过程中动态地进行项目规划,迅速、正确地进行各种决策,并及时检查决策执行结果,反映工程实施中暴露的各类问题，为项目总目标服务。

信息管理工作的好坏将直接影响项目管理的成败。在我国工程建设的长期实践中，缺乏信息、难以及时取得信息、所得到的信息不准确或信息的综合程度不满足项目管理的要求、信息存储分散等原因造成项目决策、控制、执行和检查困难，以致影响项目总目标实现的情况屡见不鲜，这应该引起广大项目管理人员的重视。

(八) 环境保护

工程建设可以改造环境、为人类造福，优秀的作品还可以增添社会景观，给人们带来观赏价值，但一个工程项目的实施过程和结果也存在着影响甚至恶化环境的种种因素。因此，应在工程建设中强化环保意识，切实有效地把环境保护和避免损害自然环境、破坏生态平衡、污染空气和水质、扰动周围建筑物和地下管网等现象的发生作为项目管理的重要任务之一。项目管理者必须充分研究和掌握国家、地方的有关环保法律法规及规定，对于环保方面有要求的建设工程项目，在项目可行性研究和决策阶段必须提出环境影响报告及其对策措施，并评估其措施的可行性和有效性，严格按建设程序向环保管理部门报批。在项目实施阶段做到主体工程与环保措施工程同步设计、同步施工、同步投入运行。在工程施工承发包中必须把依法做好环保工作列为重要的合同条件加以落实，并在施工方案的审查和施工过程中始终把落实环保措施、克服建设公害作为重要的内容予以密切注视。

第二节　建筑工程项目管理组织

一、建筑工程项目管理组织形式

项目管理组织形式有很多种，从不同的角度去分类也会有不同的结果。由于项目执行过程中往往涉及技术、财务、行政等相关方面的工作，特别是有的项目本身就是以一个新公司的模式运作的，即所谓项目公司。因此项目组织结构与形式在某些方面与公司的组织形式有一些类似，但这并不意味着二者可以相互取代。

按国际上通行的分类方式，项目组织的基本形式可以分成职能式、项目式和矩阵式三种。

(一) 职能式

1.职能式的组织形式

职能式是目前国内咨询公司在咨询项目中应用最为广泛的一种模式，通常由公司按不

同行业分成各项目部，项目部内又分成专业处，公司的咨询项目按专业不同分给相对应的专业部门和专业处来完成。

职能式项目管理组织模式有两种表现形式：一种是将一个大的项目按照公司行政、人力资源、财务、各专业技术、营销等职能部门的特点与职责分成若干个子项目，由相应的各职能单元完成各方面的工作。另一种是在公司高级管理者的领导下，由各职能部门负责人构成项目协调层，由各职能部门负责人具体安排落实本部门内人员完成相关任务的项目管理组织形式。协调工作主要在各部门。分配到项目团体中的成员在职能部门内可能暂时是专职，也可能是兼职，但总体上看没有专职人员从事项目工作。项目工作可能只存在一段时间也可能持续下去，团队中的成员可能由各种职务的人组成。

2.职能式组织形式结构的优点

(1)项目团队中各成员无后顾之忧。

(2)各职能部门可以在本部门工作与项目工作任务的平衡中去安排人力资源，当项目团队中的某一成员因故不能参加时，其所在的职能部门可以重新安排人员予以补充。

(3)当项目工作全部由某一职能部门负责时，在项目的人员管理与使用上变得更为简单，使之具有更大的灵活性。

(4)项目团队的成员由同一部门的专业人员做技术支撑，有利于提高项目的专业技术问题的解决水平。

(5)有利于公司项目发展与管理的连续性。

3.职能式组织结构的缺点

(1)项目管理没有正式的权威性。

(2)项目团队的成员不易产生事业感与成就感。

(3)对于参与多个项目的职能部门特别是具体到个人来说，不利于安排好各项目之间力量投入的比例。

(4)不利于不同职能部门的团队成员之间的交流。

(5)项目的发展空间容易受到限制。

4.职能式组织形式的应用

职能式组织主要适合于生产、销售标准产品的企业，工程承包企业和监理企业较少单纯采用这一组织形式，项目监理部或项目经理部可采用这种形式。

（二）项目式

1.项目式的组织形式

项目式管理组织形式就是将项目的组织形式独立于公司职能部门之外，由项目组自己独立负责其项目主要工作的一种组织管理模式。项目的具体工作主要由项目团队负责，项目的行政事务、财务、人事等在公司规定的权限内进行管理。

在一个项目型组织中工作成员是经过搭配的。项目工作会运用到大部分的组织资源，而项目经理也有高度独立性，享有高度的权力。项目型组织中也会设立一些组织单位，这些单位也称作部门，但是这些单位不仅要直接向某一项目经理汇报工作，还要为各个不同的项目提供服务。

2.项目式组织结构的优点

（1）项目经理是真正意义上的项目负责人。

（2）团队成员工作目标比较单一。

（3）项目管理层次相对简单，使项目管理的决策速度和响应速度变得快捷起来。

（4）项目管理指令一致。

（5）项目管理相对简单，对项目费用、质量及进度等更加容易控制。

（6）项目团队内部容易沟通。

（7）当项目需要长期工作时，在项目团队的基础上容易形成一个新的职能部门。

3.项目式组织结构的缺点

（1）容易出现配置重复、资源浪费的问题。

（2）项目组织成为一个相对封闭的组织，公司的管理与对策在项目管理组织中的贯彻可能遇到阻碍。

（3）项目团队与公司之间的沟通基本上靠项目经理，容易出现沟通和交流不充分的问题。

（4）项目团队成员在项目后期没有归属感。

（5）由于项目管理组织的独立性，使项目组织产生小团体观念，在人力资源与物资资源上出现"囤积"的思想，造成资源浪费；同时，各职能部门考虑其相对独立性，对其资源的支持会有所保留。

4.项目式组织形式的应用

广泛应用于建筑业、航空航天业等价值高、周期长的大型项目，也能应用于非营利机构，如募捐活动的组织、大型聚会等。

(三)矩阵式

1.矩阵式的组织形式

矩阵式组织是介于职能式与项目式组织结构之间的一种项目管理组织模式。矩阵式项目组织结构中参加项目的人员由各职能部门负责人安排，而这些人员的工作在项目施工期间服从项目团队的安排，人员不独立于职能部门之外，是一种暂时的、半松散的组织形式，项目团队成员之间的沟通不需要通过其职能部门的领导，项目经理往往直接向公司领导汇报工作。

根据项目团队中的情况，矩阵式项目组织结构又可分成弱矩阵式结构、强矩阵式结构和平衡矩阵式结构三种形式。

(1)弱矩阵式项目管理组织结构

一般是指在项目团队中没有一个明确的项目经理，只有一个协调员负责协调工作。团队各成员之间按照各自职能部门所对应的任务相互协调进行工作。实际上在这种模式下相当多的项目经理的职能由部门负责人分担。

(2)强矩阵式项目管理组织结构

这种模式下的主要特点是有一个专职的项目经理负责项目的管理与运行，项目经理来自于公司的专门项目管理部门。项目经理与上级沟通往往是通过其所在的项目管理部门负责人进行的。

(3)平衡矩阵式项目管理组织结构

这种组织结构是介于强矩阵式项目管理组织结构与弱矩阵式项目管理组织结构二者之间的一种形式。主要特点是项目经理由一职能部门中的成员担任，其工作除项目的管理工作外还可能负责本部门承担的相应项目中的任务。此时的项目经理与上级沟通不得不在其职能部门的负责人与公司领导之间做出平衡与调整。

2.矩阵式组织形式的特征

(1)按照职能原则和项目原则结合起来的项目管理组织既能发挥职能部门的纵向优势，又能发挥项目组织的横向优势，多个项目组织的横向系统与职能部门的纵向系统形成了矩阵结构。

(2)企业的职能部门是相对长期稳定的，项目管理组织是临时性的。职能部门的负责人对项目组织中本单位人员负有组织调配、业务指导、业绩考察的责任。项目经理在各职能部门的支持下将参与本项目组织的人员横向上有效地组织在一起，为实现项目目标协同工作，并对参与本项目的人员有权控制和使用，必要时可对其进行调换或辞退。

(3)矩阵中的成员接受原单位负责人和项目经理的双重领导，可根据需要和可能为一个或多个项目服务，并可在项目之间调配，充分发挥专业人员的作用。

3.矩阵式组织形式的适用范围

(1)大型、复杂的施工项目需要多部门、多技术、多工种配合施工，在不同施工阶段对不同人员有不同的数量和搭配需求，宜采用矩阵式项目组织形式。

(2)企业同时承担多个施工项目时各项目对专业技术人才和管理人员都有需求。在矩阵式项目组织形式下职能部门可根据需要可能将有关人员派到一个或多个项目上去工作，充分利用有限的人才对多个项目进行管理。

4.矩阵式组织形式的优点

(1)团队的工作目标与任务较明确，有专人负责项目的工作。

(2)团队成员无后顾之忧。

(3)各职能部门可根据自己部门的资源与任务情况来调整、安排资源力量，提高资源利用率。

(4)相对职能式结构来说，减少了工作层次与决策环节，提高了工作效率与反应速度。

(5)相对项目式组织结构来说，在一定程度上避免了资源的囤积与浪费。

(6)在强矩阵式模式中，由于项目经理来自于公司的项目经理部门，可使项目运行符合公司的有关规定，不易出现矛盾。

5.矩阵式组织形式的缺点

(1)矩阵式项目组织的结合部多，组织内部的人际关系、业务关系、沟通渠道等都较复杂，容易造成信息量膨胀，引起信息流不畅或失真，需要依靠有力的组织措施和规章制度规范管理。若项目经理和职能部门负责人双方产生重大分歧难以统一时还需企业领导出面协调。

(2)项目组织成员接受原单位负责人和项目经理的双重领导，当领导之间发生矛盾意见不一致时，当事人将无所适从，影响工作。在双重领导下，若组织成员过于受控于职能部门时将削弱其在项目上的凝聚力，影响项目组织作用的发挥。

(3)在项目施工高峰期一些服务于多个项目的人员可能应接不暇而顾此失彼。

二、组织形式的选择

在具体的项目实践中究竟选择何种项目的组织形式没有一个可循的公式。一般在充分考虑各种组织结构特点、企业特点、项目特点和项目所处环境等因素的条件下，才能做出较为恰当的选择。

一般来说职能式组织结构比较适用于规模较小、偏重技术的项目，而不适用于环境变化较大的项目。因为环境的变化需要各职能部门间的紧密合作，而职能部门本身的存在以及责权的界定成为部门间密切配合不可逾越的障碍。当一个公司中包括许多项目或项目的规模较大、技术复杂时，则应选择项目式的组织结构。同职能式组织结构相比，在对付不稳定的环境时项目组织结构显示出自己潜在的长处，这来自于项目团队的整体性和各类人才的紧密合作。同前两种组织结构相比，矩阵式组织形式无疑在充分利用组织资源上显示出了巨大的优越性，由于其融合了两种结构的优点，这种组织形式在进行技术复杂、规模巨大的项目管理时呈现出了明显的优势。

第三节　建筑工程施工组织设计

一、建筑工程施工组织设计概述

(一)施工组织设计概念

施工组织设计是以施工项目为对象编制的，用以指导施工组织与管理、施工准备与实施、施工控制与协调、资源的配置与使用等全面性的技术、经济文件，是对施工活动的全过程进行科学管理的重要手段。若施工图设计是解决造什么样的建筑产品的问题，则施工组织设计就是解决如何建造的问题。由于受建筑产品及其施工特点的影响，每一个工程项目开工前都必须根据工程特点与施工条件来编制施工组织设计。

施工组织设计的基本任务是根据国家有关技术政策、建设工程项目要求、施工组织的原则结合工程的具体条件，确定经济合理的施工方案，对拟建工程在人力和物力、时间和空间、技术和组织等方面统筹安排，以保证按照既定目标，优质、低耗、高速、安全地完成施工任务。

(二)施工组织设计的作用

施工组织设计是对施工活动实行科学管理的重要手段。通过施工组织设计的编制，可明确工程的施工方案、施工顺序、劳动组织措施、施工进度计划及资源需用量与供应计划，明确临时设施、材料和机具的具体位置，有效地使用施工场地，提高经济效益。

施工组织设计还具有统筹安排和协调施工中各种关系的作用。

经验证明，如果一个工程施工组织设计能反映客观实际，符合国家政策和合同规定的

要求，符合施工工艺规律，并能被认真地贯彻执行，那么施工就可以有条不紊地进行，就能获得较好的投资效益。

(三) 建筑工程施工组织的基本原则

1.遵守科学程序的原则

任何一个生产过程都可以划分为若干个阶段。每个阶段都具有不同的工作内容与工作步骤，它们之间有着不可分割的联系，是相互衔接、循序渐进的，既不能互相代替也不能颠倒或跳越。生产过程中必须遵循的工作内容与工作步骤称为程序。程序与顺序有别，一般来说程序常常用于范围较大的项目，如基本建设程序；"顺序"用于较小的、具体的项目，如装饰工程施工顺序。

建筑工程施工是在基本建设程序中的施工阶段进行的，必须按程序进行，没有建设计划与施工图就不能进行施工。没有规划，设计就没有目标；没有勘察、选址，设计就没有资料；没有设计，施工就没有图纸；施工未完成就不能验收投产，这就是基本建设的客观规律。若不按基本建设程序办事就会造成基本建设投资效果差，损失浪费严重。基本建设的前期工作没有做好或没有进行就仓促施工，将会造成不堪设想的后果。

建筑工程施工过程有它必须遵循的科学程序，其也可划分为若干个阶段，如接受任务 (招标投标) 阶段、施工总体规划组织准备阶段、开工前现场条件准备阶段、全面施工阶段、竣工验收交付使用阶段等。这些阶段相互间有紧密衔接的关系，各个阶段必须按顺序进行，不能跳越与颠倒。

在遵循施工顺序的同时还必须注意按照施工工艺顺序组织施工。一般应坚持先地下后地上的原则，对场内与场外、室内与室外、主体与装修、土建与安装各项工序都要做出统筹合理安排并且注意其技术经济效果。

2.符合建筑生产规律的原则

由于建筑产品固定在大地上，整体难分、形体庞大、产品多样、工程技术复杂，所以建筑施工生产周期长，高空露天作业多，施工现场流动，施工中有暂时中断间歇时间（如混凝土养护、机械修理、雨天等）以及多单位综合施工等。因此，施工组织与管理必须根据这些客观条件，去处理好人与物、时间与空间、天时与地利、总包与分包等关系，采取针对性措施解决建筑生产规律所带来的矛盾。

3.运用科学技术的原则

凡是符合客观事物发展规律的行动与思想称为科学。科学可以帮助人们在研究事物时找出它们的内在联系。发展施工组织与管理的技术更要依靠科学，帮助人们透过偶然的、

杂乱无章的现象去发掘和研究表面上看不出来的客观规律，并让人们掌握这些客观规律去从事实践活动。例如，运用流水作业原则解决工序之间的衔接问题，避免停歇时间，达到均衡的、有节奏的施工；运用网络计划技术，从时间上找出关键线路进行优化计划。

建筑工程施工是一项系统工程，应将各项工作统一到这个总系统中去，在这个系统中解决各种问题；应按照事物的内在联系使各项工作以互相协调的方式去实施，而不要互相割裂。例如，接受施工任务、施工准备工作、计划进度的编制和贯彻、工程质量控制、资源分配以及成本控制等，这些工作都可以各自成为系统，但是还必须根据与之有关各项工作的决策情况来决定某项工作的最优决策。例如，分配资源的最优决策必须在做出正确的施工方案、切实的工程进度计划及准确估价决策的情况下再来决定。所以建设工程施工要树立系统工程概念，重视从全局的整体利益出发去解决每一个具体的局部问题，处理问题和解决问题都要注意到因果关系。

科学管理方法是从实际出发的管理方法，不是随心所欲、毫不考虑后果，也不是仅凭经验和感觉。它是运用客观的数据与标准和原理与原则、毫不紊乱而又合情合理的工作方法。对于一项工作不进行事先慎重调查就做出决定是工程进行中遇到意料不到的障碍的根源。应用科学管理方法就是要弄清工作的目的和存在的问题，收集资料，拟定计划并执行，最后分析结果。没有一套科学管理方法就不能进入科学管理的境界。

4.运用按劳分配的原则

在施工组织管理中要调动企业职工的生产积极性，促进生产力的发展，必须掌握与运用消费资料的社会主义分配原则，即各尽所能，按劳分配。原则是不能选择的，但实行分配原则的方法可以是多种多样的。将企业奖金与企业经营成果挂钩，将职工个人奖金、津贴与其工作成绩、贡献挂钩，真正体现按劳分配原则，不搞平均主义，将大大地调动职工生产的积极性、主动性和创造性。

（四）施工组织设计的分类及编制

按设计阶段和编制对象不同，施工组织设计分为施工组织总设计、单位工程施工组织设计和施工方案三类。

1.施工组织总设计

施工组织总设计是以整个建设工程项目或群体工程（一个住宅建筑小区、配套的公共设施工程、一个配套的工业生产系统等）为对象编制的施工组织设计。施工组织总设计一般在建设工程项目的初步设计或扩大初步设计批准之后，由总承包单位在总工程师领导下编制。建设单位、设计单位和分包单位协助总承包单位工作。

施工组织总设计对整个项目的施工过程起统筹规划、重点控制的作用。其任务是确定建设工程项目的开展程序、主要建筑物的施工方案、建设工程项目的施工总进度计划和资源需用量计划及施工现场总体规划等。

2.单位工程施工组织设计

单位工程施工组织设计是以单位（子单位）工程为主要对象编制的施工组织设计，对单位（子单位）工程的施工过程起指导和约束作用。单位工程施工组织设计是施工图纸设计完成之后，工程开工之前，在施工项目负责人的领导下编制的。

3.施工方案

施工方案是以分部（分项）工程或专项工程为主要对象编制的施工技术与组织方案，用以具体指导其施工过程。施工方案由项目技术负责人负责编制。

对重点、难点分部（分项）工程和危险性较大的工程的分部（分项）工程，施工前应编制专项施工方案；对于超过一定规模的危险性较大的分部（分项）工程应当组织专家对专项施工方案进行论证。

二、施工组织设计的编制原则和编制依据

(一) 施工组织设计的编制原则

1.重视工程的组织对施工的作用。

2.提高施工的工业化程度。

3.重视管理创新和技术创新。

4.重视工程施工的目标控制。

5.积极采用国内外先进的施工技术。

6.充分利用时间和空间，合理安排施工顺序，提高施工的连续性和均衡性。

7.合理部署施工现场，实现文明施工。

(二) 施工组织设计的编制依据

1.计划文件

(1)建设工程项目的可行性研究报告。

(2)国家批准的固定资产投资计划。

(3)单位工程项目一览表。

(4)施工项目分期分批投产计划。

(5)投资指标和设备材料订货指标。

(6)建设地点所在地区主管部门的批复文件。

(7)施工单位主管部门下达的施工任务。

2.设计文件

(1)经批准的初步设计或技术设计及设计说明书。

(2)项目总概算或修正总概算。

3.合同文件和建设地区的调查资料

合同文件即施工单位与建设单位签订的工程承包合同。

建设地区的调查资料包括地形、地质、气象和地区性技术经济条件等资料。

三、施工组织总设计

(一) 概念

施工组织总设计是以整个建设工程项目或群体工程（一个住宅建筑小区、配套的公共设施工程、一个配套的工业生产系统等）为对象编制的，是整个建设工程项目或群体工程的全局性战略部署，是施工企业规划和部署整个施工活动的技术、经济文件。在有了批准的初步设计或技术设计、项目总概算或修正总概算后，一般以主持工程的总承建单位为主，其他承建单位、建设单位和设计单位参加，结合建设准备和计划安排工作，编制施工组织总设计。

(二)施工组织总设计的作用

施工组织总设计的作用主要有以下几方面：

1.确定设计方案的施工可能性和经济合理性。

2.为建设单位主管机关编制基本建设计划提供依据。

3.为施工单位主管机关编制建筑安装工程计划提供依据。

4.为组织物资技术供应提供依据。

5.为及时进行施工准备工作提供条件。

6.解决有关生产和生活基地的组织问题。

(三)施工组织总设计的编制依据

1.设计地区的工程勘察和技术经济资料，如地质、地形、气象、河流水位、地区条件等。

2.国家现行规范和规程、上级指示、合同协议等。

3.计划文件，如国家批准的基本建设计划、单项工程一览表、地区主管部门的批件、施工单位上级主管下达的施工任务书等。

4.设计文件，如批准的初步设计、设计证明书、已批准的计划任务书等。

施工组织总设计的内容和深度，视工程的性质、规模、建筑结构和施工复杂程度、工期要求及建设地区的自然经济条件而定，应突出"规划"和"控制"的特点。

（四）施工组织总设计包含的内容

1.主要工种的施工方法以及"三通一平"规划。

2.施工准备工作计划：用以指导现场测量控制、土地征用、居民迁移、障碍物拆除；新结构、新材料、新技术的试制和试验；大型临时设施工程、施工用水、用电、道路及场地平整工作安排；技术培训；物资和机具申请和准备等工作。

3.施工总进度计划：用以控制工期及各单位工程的搭接关系和持续时间。

4.各项需要量计划：包括劳动力需要量计划；主要材料与加工品需用量、需用时间计划和运输计划，主要机具需用量计划；大型临时设施建设计划等。

5.施工总平面图：用于对施工所需的各项设施和永久性建筑加以合理布局，在施工现场上进行周密的规划和部署。

6.技术经济指标分析：用以评价施工组织总设计的技术经济效果并作为今后考核的依据。

（五）施工组织总设计的编制

第一，从全局出发，对建设地区的自然条件、技术经济情况以及工程特点和工期要求等进行全面系统的研究，找出主要矛盾和薄弱环节，以便重点加以解决，避免造成损失。第二，根据施工任务情况和施工队伍的现状，合理进行组织分工，并对重要单位工程和主要工种工程的施工方案在经过技术经济比较之后合理地加以确定。第三，根据生产工艺流程和工程特点，合理地编制施工总进度计划，以确保工程能按照工期要求均衡连续地进行施工，能分期分批地投入生产或交付使用，充分发挥投资效益。第四，根据编制的施工总进度计划，就可编制材料、成品、半成品、劳动力、建筑机械、运输工具等的需要量计划，由此就可进行运输及仓库业务、附属企业业务和临时建筑业务的组织，为计算临时供水、供电、供热、供气的需要量及其业务的组织提供依据。在完成上述工作后，即可编制施工准备工作计划和设计总平面图。

1.工程概况和施工特点分析

工程概况和施工特点分析包括建设工程概况、建设工程地点特征、建筑结构设计概况、施工条件和工程施工特点分析五方面内容。

(1)建设工程概况

建设工程概况主要介绍拟建工程的建设单位、工程名称、性质、用途和建设的目的；资金来源及工程造价；开工、竣工日期；设计单位、施工单位、监理单位；施工图纸情况,；工合同是否签订；上级有关文件或要求以及组织施工的指导思想等。

(2)建设工程地点特征

建设工程地点特征主要介绍拟建工程的地理位置、地形、地貌、地质、水文地质、气温、冬雨季时间、主导风向、风力和地震烈度等。

(3)建筑结构设计概况

建筑结构设计概况主要根据施工图纸,结合调查资料简练地概括工程全貌、综合分析,突出重点问题,对新结构、新材料、新技术、新工艺及施工的难点作重点说明。

建筑结构设计概况主要介绍拟建工程的建筑面积、平面形状和平面组合情况、层数、层高、总高、总长、总宽等及室内外装修的情况。

(4)施工条件

施工条件主要介绍三通一平的情况,当地的交通运输条件,资源生产及供应情况,施工现场大小及周围环境情况,预制构件生产及供应情况,施工单位机械、设备、劳动力的落实情况,内部承包方式、劳动组织形式及施工管理水平,现场临时设施、供水、供电问题的解决。

(5)工程施工特点分析

工程施工特点分析主要介绍拟建工程施工特点和施工中关键的问题、难点所在,以便突出重点、抓住关键,使施工顺利进行,提高施工单位的经济效益和管理水平。

2.施工部署和施工方案

确定施工部署与拟定施工方案是编制施工组织总设计的中心环节,是在充分了解工程情况、施工条件和建设要求的基础上,对整个建设工程进行全面安排和解决工程施工中的重大问题,是编制施工总进度计划的前提。其主要内容包括施工任务的组织分工及程序安排、主要项目的施工方案、主要工种工程的施工方法、三通一平规划等。

施工部署要重点解决下述问题:

(1)确定各主要单位工程的施工展开程序和开工、竣工日期,一方面满足上级规定的投产或投入使用的要求,另一方面需遵循一般的施工程序,如先地下后地上、先深后浅等。

（2）建立工程的指挥系统，划分各施工单位的工程任务和施工区段，明确主攻项目和辅助项目的相互关系，明确土建施工、结构安装、设备安装等的相互配合等。

（3）明确施工准备工作的规划，如土地征用、居民迁移、障碍物拆除、三通一平的分期施工任务及期限、测量控制网的建立、新材料和新技术的试制和试验、重要建筑机械和机具的申请和订货生产等。

3.施工总进度计划

施工总进度计划是根据施工部署的要求，合理确定各工程项目施工的先后顺序、开工和竣工日期、施工期限和它们之间的搭接关系，其编制方法：

（1）估算各主要项目的实物工程量

这项工作可按初步设计图纸并根据各种定额手册、资料粗略进行。

① 1 万元、10 万元工作量的劳动力及材料消耗指标。

② 概算指标或扩大结构定额。

③ 标准设计或类似工程的资料。

除房屋外，还需确定主要的全工地性工程的工程量，如铁路、道路、地下管线的长度等。

（2）确定各单位工程的施工工期

根据建筑类型、结构特征和工程规模，施工方法、施工技术和施工管理水平，劳动力、材料供应情况，施工现场的地形、地质条件，有关的工期定额或类似建筑的施工经验数据确定各单位工程的施工工期。

（3）确定各单位工程的开工、竣工时间和相互搭接关系

在确保规定时间内能配套投入使用的前提下集中使用人力、物力，避免分散，早出效益，同时应做好土方、劳动力、施工机械、材料和构件的综合平衡，使各生产环节能连续、均衡地进行。

（4）编制施工总进度计划

对于工业建设工程项目要处理好生产车间与辅助车间、加工部门与动力设施、生产性建筑与非生产性建筑之间的关系，要有意识地做好协调配套形成生产系统工作，尽早形成生产能力；对于民用建筑也要重视配套建设，并做好供水、供电、市政、交通等工程建设，确定一些调剂项目作为既能保证重点又能实现均衡施工的措施。

第二章　建筑工程施工技术

第一节　地基与基础工程施工技术

一、土方工程施工技术

（一）土方开挖

1.无支护土方工程采用放坡挖土，有支护土方工程可采用中心岛式（也称墩式）挖土、盆式挖土和逆作法挖土等方法。当基坑开挖深度不大、周围环境允许的前提下，经验算能确保土坡的稳定性时，可采用放坡开挖。

2.中心岛式挖土宜用于支护结构的支撑形式为角撑、环梁式或边桁（框）架式，中间具有较大空间情况下的大型基坑土方开挖。

3.盆式挖土是先开挖基坑中间部分的土，周围四边留土坡，土坡最后挖除。采用盆式挖土方法可使周边的土坡对围护墙有支撑作用，有利于减少围护墙的变形。其缺点是大量的土方不能直接外运，需集中提升后装车外运。

4.在基坑边缘堆置土方和建筑材料或沿挖方边缘移动运输工具和机械时一般应距基坑上部边缘不少于2m，堆置高度不应超过1.5m。在垂直的坑壁边此安全距离还应适当加大。软土地区不宜在基坑边堆置弃土。

5.开挖时应对平面控制桩、水准点、基坑平面位置、水平标高、边坡坡度等经常进行检查。

（二）土方回填

1.土料要求与含水量控制

填方土料应符合设计要求，保证填方的强度和稳定性。一般不能选用泥回填。淤泥质土、膨胀土、有机质大于8%的土、含水溶性硫酸盐大于5%的土、含水量不符合压实要求的黏性土。填方土应尽量采用同类土。土料含水量一般以手握成团、落地开花为适宜。

2.基底处理

（1）清除基底上的垃圾、草皮、树根、杂物，排除坑穴中的积水、淤泥和种植土，将基底充分夯实和碾压密实。

（2）应采取措施防止地表滞水流入填方区，浸泡地基，造成基土下陷。

（3）当填土场地地面陡于1：5时，应先将斜坡挖成阶梯形，阶高不大于1m，台阶高宽比为1：2，然后分层填土，以利结合和防止滑动。

3.土方填筑与压实

（1）填方的边坡坡度应根据填方高度、土的种类和其重要性确定。对使用时间较长的临时性填方边坡坡度，当填方高度小于10m时，可采用1：1.5；超过10m时，可做成折线形，上部采用1：1.5，下部采用1：1.75。

（2）填土应从场地最低处开始，由下而上整个宽度分层铺填。每层虚铺厚度应根据夯实机具确定。

（3）填方应在相对两侧或周围同时进行回填和夯实。

二、基坑验槽与局部不良地基的处理方法

（一）验槽时必须具备的资料

验槽时必须具备的资料包括：详勘阶段的岩土工程勘查报告；附有基础平面和结构总说明的施工图阶段的结构图；其他必须提供的文件或记录。

（二）验槽前的准备工作

1.察看结构说明和地质勘查报告，对比结构设计所用的地基承载力、持力层与报告所提供的是否相同。

2.询问、察看建筑位置是否与勘查范围相符。

3.察看场地内是否有软弱下卧层。

4.场地是否为特别的不均匀场地，是否存在勘查方要求进行特别处理的情况而设计方没有进行处理。

5.要求建设方提供场地内是否有地下管线和相应的地下设施。

（三）验槽程序

在施工单位自检合格的基础上进行，施工单位确认自检合格后提出验收申请。由总监

理工程师或建设单位项目负责人组织建设、监理、勘查、设计及施工单位的项目负责人技术质量负责人，共同按设计要求和有关规定进行。

（四）验槽的主要内容

1.根据设计图纸检查基槽的开挖平面位置、尺寸、槽底深度，检查是否与设计图纸相符，开挖深度是否符合设计要求。

2.仔细观察槽壁、槽底土质类型、均匀程度和有关异常土质是否存在，核对基坑土质及地下水情况是否与勘查报告相符。

3.检查基槽之中是否有旧建筑物基础、井、直墓、洞穴、地下掩埋物及地下人防工程等。

4.检查基槽边坡外缘与附近建筑物的距离，基坑开挖对建筑物稳定是否有影响。

5.天然地基验槽应检查、核实、分析钎探资料，对存在的异常点位进行复合检查。对于桩基应检测桩的质量是否合格。

（五）验槽方法

地基验槽通常采用观察法。对于基底以下的土层不可见部位通常采用针探法。

1.观察法

（1）槽壁、槽底的土质情况，验证基槽开挖深度及土质是否与勘查报告相符，观察槽底土质结构是否被人为破坏；验槽时应重点观察柱基、墙角、承重墙下或其他受力较大的部位，如有异常部位，要会同勘查、设计等有关单位进行处理。

（2）基槽边坡是否稳定，是否有影响边坡稳定的因素存在，如地下渗水、坑边堆载或近距离扰动等。

（3）基槽内有无旧的房基、洞穴、古井、掩埋的管道和人防设施等，如存在上述问题应沿其走向进行追踪，查明其在基槽内的范围、延伸方向、长度、深度及宽度；

（4）在进行直接观察时，可用袖珍式贯入仪作为辅助手段。

2.钎探法

（1）钎探是用锤将钢钎打入坑底以下一定深度的土层内，根据锤击次数和入土难易程度来判断土的软硬情况及有无支井、点墓、洞穴、地下掩埋物等。

（2）钢钎的打入分人工和机械两种。

（3）根据基坑平面图，依次编号绘制钎探点平面布置图。

（4）按照钎探点顺序号进行钎探施工。

（5）打钎时，同一工程应钎径一致、钎重一致、用力（落距）一致。每贯入30cm通常称为一步），记录一次锤击数，每打完一个孔，填入针探记录表内，最后进行统一整理。

（6）分析钎探资料：检查其测试深度、部位以及测试钎探器具是否标准，记录是否规范，对钎探记录各点的测试击数要认真分析，分析钎探击数是否均匀，对偏差大于50%的点位，分析原因，确定范围，重新补测，对异常点采用洛阳铲进一步核查。

（7）钎探后的孔要用砂灌实。

3.轻型动力触探

遇到下列情况之一时应在基底进行轻型动力触探：① 持力层明显不均匀；② 浅部有软弱下卧层；③ 直接观察难以发现的浅埋的坑穴、古墓、古井等；④ 勘查报告或设计文件规定应进行轻型动力触探的物体。

三、砖、石基础施工技术

砖、石基础属于刚性基础范畴。这种基础的特点是抗压性能好，整体性、抗拉、抗弯、抗剪性能较差，材料易得，施工操作简便，造价较低。适用于地基坚实、均匀，上部荷载较小，7层和7层以下的一般民用建筑和墙承重的轻型厂房基础工程。

（一）施工准备工作要点

1.砖应提前1~2d浇水浸润。

2.在砖砌体转角处、交接处应设置皮数杆，皮数杆间距不应大于15m，在相对两皮数杆上砖上边线处拉准线。

3.根据皮数杆最下面一层砖或毛石的标高，拉线检查基础垫层表面标高是否合适，如第一层砖的水平灰缝大于20mm，毛石大于30mm时，应用细石混凝土找平，不得用砂浆或在砂浆中掺细砖或碎石处理。

（二）砖基础施工技术要求

1.砖基础的下部为大放脚、上部为基础墙。

2.大放脚有等高式和间隔式。等高式大放脚是每砌两皮砖，两边各收进1/4砖长；间隔式大放脚是每砌两皮砖及一皮砖，轮流两边各收进1/4砖长，最下面应为两皮砖。

3.砖基础大放脚一般采用一顺一丁砌筑形式，即一皮顺砖与一皮丁砖相间，上下皮垂直灰缝相互错开60mm。

4.砖基础的转角处、交接处，为错缝需要应加砌配砖（3/4砖、半砖或1/4砖）。

5.砖基础的水平灰缝厚度和垂直灰缝宽度宜为10mm。水平灰缝的砂浆饱满度不得小于80%，竖向灰缝饱满度不得低于9%。

6.砖基础底标高不同时应从低处砌起，并应由高处向低处搭砌。当设计无要求时，搭砌长度不应小于砖基础大放脚的高度。

7.砖基础的转角处和交接处应同时砌筑，当不能同时砌筑时应留置斜槎。

8.基础墙的防潮层，当设计无具体要求时宜用1：2水泥砂浆加适量防水剂铺设，其厚度宜为20mm。防潮层位置宜在室内地面标高以下一皮砖处。

（三）石基础施工技术要求

根据石材加工后的外形规则程度石基础分为毛石基础、料石（毛料石、粗料石、细料石）基础。

1.毛石基础截面形状有矩形、阶梯形、梯形等。基础上部宽一般比墙厚大20cm以上。

2.砌筑时应双挂线，分层砌筑，每层高度为30~40cm，大体砌平。

3.灰缝要饱满密实，厚度一般控制在30~40mm之间，石块上下皮竖缝必须错开（不少于10cm，角石不少于15cm），做到丁顺交错排列。

4.墙基需留槎时，不得留在外墙转角或纵墙与横墙的交接处，至少应离开1~1.5m的距离。接槎应做成阶梯式，不得留直槎或斜槎。沉降缝应分成两段砌筑，不得搭接。

四、混凝土基础与桩基础施工技术

（一）混凝土基础施工技术

1.单独基础浇筑

台阶式基础施工可按台阶分层一次浇筑完毕，不允许留设施工缝。每层混凝土要一次灌足，顺序是先边角后中间，务使混凝土充满模板。

2.条形基础浇筑

根据基础深度宜分段分层连续浇筑混凝土，一般不留施工缝。各段层间应相互衔接，每段间浇筑长度控制在2000~3000mm距离，做到逐段逐层呈阶梯形向前推进。

3.设备基础浇筑

一般应分层浇筑并保证上下层之间不留施工缝，每层混凝土的厚度为200~300mm。每层浇筑顺序应从低处开始沿长边方向自一端向另一端浇筑，也可采取中间向两端或两端向中间浇筑的顺序。

（二）混凝土预制桩、灌注桩的技术

1.钢筋混凝土预制桩施工技术

钢筋混凝土预制桩打（沉）桩施工方法通常有：锤击沉桩法、静力压桩法及振动法等，以锤击沉桩法和静力压桩法应用最为普遍。

2.钢筋混凝土灌注桩施工技术

钢筋混凝土灌注桩按其成孔方法不同，可分为钻孔灌注桩、沉管灌注桩和人工挖孔灌注桩等。

五、人工降排地下水施工技术

基坑开挖深度浅，基坑涌水量不大时，可边开挖边用排水沟和集水井进行集水明排在软土地区基坑，开挖深度超过3m一般采用井点降水。

（一）明沟、集水井排水

1.明沟、集水井排水指在基坑的两侧或四周设置排水明沟，在基坑四角或每隔30~40m设置集水井，使基坑渗出的地下水通过排水明沟汇集于集水井内，然后用水泵将其排出基坑外。

2.排水明沟宜布置在拟建建筑基础边0.4m以外，沟边缘离开边坡坡脚应不小于0.3m。排水明沟的底面应比挖土面低0.3~0.4m。集水井底面应比沟底面低0.5m以上，并随基坑的挖深而加深，以保持水流畅通。

（二）降水

降水即在基坑土方开挖之前用真空（轻型）井点、喷射井点或管井深入含水层内用不断抽水方式使地下水位下降至坑底以下，同时使土体产生固结以方便土方开挖。

1.基坑降水应编制降水施工方案，其主要内容为：井点降水方法；井点管长度、构造和数量；降水设备的型号和数量井点系统布置图，井孔施工方法及设备；质量和安全技术措施；降水对周围环境影响的估计及预防措施等。

2.降水设备的管道、部件和附件等在组装前必须经过检查和清洗。滤管在运输、装卸和堆放时应防止损坏滤网。

3.井孔应垂直，孔径上下一致。井点管应居于井孔中心，滤管不得紧靠井孔壁或插入淤泥中。

4.井点管安装完毕应进行试运转，全面检查管路接头、出水状况和机械运转情况。一般开始出水混浊，经一定时间后出水应逐渐变清，对长期出水混浊的井点应予以停闭或更换。

5.降水系统运转过程中应随时检查观测孔中的水位。

6.基坑内明排水应设置排水沟及集水井，排水沟纵坡宜控制在1%~2%。

7.降水施工完毕，根据结构施工情况和土方回填进度，陆续关闭和逐根拔出井点管。土中所留孔洞应立即用砂土填实。

8.如基坑坑底进行压密注浆加固时要待注浆初凝后再进行降水施工。

(三)防止或减少降水影响周围环境的技术措施

1.采用回灌技术。采用回灌井点时，回灌井点与降水井点的距离不宜小于6m。

2.采用砂沟、砂井回灌。回灌砂井的灌砂量应取井孔体积的95%，填料宜采用含泥量不大于3%、不均匀系数在3~5之间的纯净中粗砂。

3.减缓降水速度。

六、岩土工程与基坑监测技术

(一)岩土工程

1.建筑地基的岩土可分为岩石、碎石土、砂土、粉土、黏性土和人工填土。人工填土根据其组成和成因又可分为素填土、压实填土、杂填土、冲填土。

2.基坑支护结构可划分为三个安全等级，不同等级采用相对应的重要性系数%。对于同一基坑的不同部位可采用不同的安全等级。

(二)基坑监测

1.安全等级为一、二级的支护结构，在基坑开挖过程与支护结构使用期内必须进行支护结构的水平位移监测和基坑开挖影响范围内建(构)筑物及地面的沉降监测。

2.基坑工程施工前应由建设方委托具备相应资质的第三方对基坑工程实施现场检测。监测单位应编制监测方案经建设方、设计方、监理方等认可后方可实施。

3.基坑围护墙或基坑边坡顶部的水平和竖向位移监测点应沿基坑周边布置，周边中部、阳角处应布置监测点。监测点水平间距不宜大于15~20m，每边监测点数不宜少于3个。监测点宜设置在围护墙或基坑坡顶上。

4.监测项目初始值应在相关施工工序之前测定，并取至少连续观测3次的稳定值的平

均值。

5.基坑工程监测报警值应由监测项目的累计变化量和变化速率值共同控制。当监测数据达到监测报警值时，必须立即通报建设方及相关单位。

6.基坑内采用深井降水时水位监测点宜布置在基坑中央和两相邻降水井的中间部位；采用轻型井点、喷射井点降水时，水位监测点宜布置在基坑中央和周边拐角处。监测点间距宜为 20~50m。

7.地下水位量测精度不宜低于 10mm。

8.基坑监测项目的监测频率应由基坑类别、基坑及地下工程的不同施工阶段以及周边环境、自然条件的变化和当地经验确定。当出现以下情况之一时应提高监测频率：

(1)监测数据达到报警值；

(2)监测数据变化较大或者速率加快；

(3)存在勘查未发现的不良地质；

(4)超深、超长开挖或未及时加撑等违反设计工况施工；

(5)基坑附近地面荷载突然增大或超过设计限值；

(6)周边地面突发较大沉降、不均匀沉降或出现严重开裂；

(7)支护结构出现开裂；

(8)邻近建筑突发较大沉降、不均匀沉降或出现严重开裂；

(9)基坑及周边大量积水、长时间连续降雨、市政管道出现泄漏；

(10)基坑底部、侧壁出现管涌、渗漏或流沙等现象。

第二节　主体结构工程施工技术

一、钢筋混凝土结构施工技术

(一)模板工程

1.模板工程设计的主要原则

模板工程设计的主要原则是实用性、安全性和经济性。

2.模板及支架设计的主要内容

模板及支架设计的主要内容包括：

（1）模板及支架的选型及构造设计；

（2）模板及支架上的荷载及其效应计算；

（3）模板及支架的承载力、刚度和稳定性验算；

（4）绘制模板及支架施工图。

3.模板工程安装要点

（1）对跨度不小于4m的现浇钢筋混凝土梁、板，其模板应按设计要求起拱；当设计无具体要求时，起拱高度应为跨度的1/1000~3/1000。

（2）采用扣件式钢管做高大模板支架的立杆时支架搭设应完整。立杆上应每步设置双向水平杆，水平杆应与立杆扣接；立杆底部应设置垫板。

（3）安装现浇结构的上层模板及其支架时，下层楼板应具有承受上层荷载的承载能力或加设支架；上、下层支架的立柱应对准并铺设垫板；模板及支架杆件等应分散堆放。

（4）模板的接缝不应漏浆；在浇筑混凝土前木模板应浇水润湿，但模板内不应有积水。

（5）模板与混凝土的接触面应清理干净并涂刷隔离剂，不得采用影响结构性能或妨碍装饰工程的隔离剂；脱模剂不得污染钢筋和混凝土接槎处。

（6）模板安装应与钢筋安装配合进行，梁柱节点的模板宜在钢筋安装后安装。

（7）后浇带的模板及支架应独立设置。

4.模板的拆除

（1）模板拆除时，拆模的顺序和方法应按模板的设计规定进行。当设计无规定时可采取先支的后拆、后支的先拆，先拆非承重模板、后拆承重模板的顺序，并应从上而下进行拆除。

（2）当混凝土强度达到设计要求时方可拆除底模及支架；当设计无具体要求时，同条件养护试件的混凝土抗压强度应符相关规定。

（3）当混凝土强度能保证其表面及棱角不受损伤时方可拆除侧模。

（4）快拆支架体系的支架立杆间距不应大于2m。拆模时应保留立杆并顶托支承楼板，拆模时的混凝土强度取构件跨度2m，并按规定确定。

（二）钢筋工程

1.原材料进场检验

钢筋进场时应按规范要求检查产品合格证、出厂检验报告，并按现行国家标准的相关规定抽取试件作力学性能检验，合格后方准使用。

2.钢筋配料

为使钢筋满足设计要求的形状和尺寸，需要对钢筋进行弯折，而弯折后钢筋各段的长度总和并不等于其在直线状态下的长度，所以要对钢筋剪切下料长度加以计算。

3.钢筋代换

钢筋代换时应征得设计单位的同意并办理相应设计变更文件。代换后钢筋的间距锚固长度、最小钢筋直径、数量等构造要求和受力、变形情况均应符合相应规范要求。

4.钢筋连接

钢筋连接常用的方法有焊接、机械连接和绑扎连接三种。钢筋接头位置宜设置在受力较小处。同一纵向受力钢筋不宜设置两个或两个以上接头。接头末端至钢筋弯起点的距离不应小于钢筋直径的 10 倍。

5.钢筋加工

(1)钢筋加工包括调直、除锈、下料切断、接长、弯曲成型等。

(2)钢筋宜采用无延伸功能的机械设备进行调查，也可采用冷拉调直。当采用冷拉调查时，HPB300 光圆钢筋的冷拉率不宜大于 4%，HRB335、HRB400、HRB500、HRBF33、HRBF400、HRBF00 及 RB400 带肋钢筋的冷拉率不宜大于 1%。

(3)钢筋除锈：一是在钢筋冷拉或调查过程中除锈。二是可采用机械除锈机除锈、喷砂除锈、酸洗除锈和手工除锈等。

(4)钢筋下料切断可采用钢筋切断机或手动液压切断器进行。钢筋的切断口不得有马蹄形或起弯等现象。

(三)混凝土工程

1.混凝土用原材料

(1)水泥品种与强度等级应根据设计、施工要求以及工程所处环境条件确定；普通混凝土结构宜选用通用硅酸盐水泥；有特殊需要时也可选用其他品种水泥对于有抗渗抗冻融要求的混凝土，宜选用硅酸盐水泥或普通硅酸盐水泥；处于潮湿环境的混凝土结构，当使用碱活性骨料时宜采用低碱水泥。

(2)粗骨料宜选用粒形良好、质地坚硬的洁净碎石或卵石。粗骨料最大粒径不应超过构件截面最小尺寸的 1/4，且不应超过钢筋最小净间距的 3/4；对实心混凝土板，粗骨料的最大粒径不宜超过板厚的 1/3，且不应超过 40mm。

(3)细骨料宜选用级配良好、质地坚硬、颗粒洁净的天然砂或机制砂，宜选用Ⅱ区

中砂。

（4）对于有抗渗、抗冻融或其他特殊要求的混凝土宜选用连续级配的粗骨料，最大粒径不宜大于40mm。

（5）未经处理的海水严禁用于钢筋混凝土和预应力混凝土拌制和养护。

（6）应检验混凝土外加剂与水泥的适应性，符合要求方可使用。不同品种外加剂复合使用时应注意其相容性及对混凝土性能的影响，使用前应进行试验，满足要求方可使用。严禁使用对人体产生危害、对环境产生污染的外加剂。对于含有尿素、氨类等有刺激性气味成分的外加剂，不得用于房屋建筑工程中。

2.混凝土配合比

（1）混凝土配合比应根据原材料性能及对混凝土的技术要求（强度等级、耐久性和工作性等），由具有资质的试验室进行计算，并经试配、调整后确定。

（2）混凝土配合比应采用重量比，且每盘混凝土试配量不应小于20L。

（3）对采用搅拌运输车运输的混凝土，当运输时间可能较长时，试配时应控制混凝土坍落度经时损失值。

（4）试配掺外加剂的混凝土时。应采用工程使用的原材料，检测项目应根据设计及施工要求确定，检测条件应与施工条件相同。当工程所用原材料或混凝土性能要求发生变化时，应再进行试配试验。

3.混凝土的搅拌与运输

（1）混凝土搅拌应严格掌握混凝土配合比，当掺有外加剂时搅拌时间应适当延长。

（2）混凝土在运输中不应发生分层、离析现象，否则应在浇筑前二次搅拌。

（3）尽量减少混凝土的运输时间和转运次数，确保混凝土在初凝前运至现场并浇筑完毕。

（4）采用搅拌运输车运送混凝土，运输途中及等候卸料时不得停转；卸料前宜快速旋转搅拌20s以上后再卸料。当坍落度损失较大不能满足施工要求时可在车罐内加入适量的与原配合比相同成分的减水剂。减水剂加入量应事先由试验确定，并应做出记录。

4.泵送混凝土

（1）泵送混凝土具有输送能力大、效率高、连续作业、节省人力等优点。

（2）泵送混凝土配合比设计：①泵送混凝土的入泵坍落度不宜低于100mm；②用水量与胶凝材料总量之比不宜大于0.6；③泵送混凝土的胶凝材料总量不宜小于300kg/m³；④泵送混凝土宜掺用适量粉煤灰或其他活性矿物掺合料，掺粉煤灰的泵送混凝土配合比设计必须经过试配确定，并应符合相关规范要求；⑤泵送混凝土掺加的外加剂品种和掺量宜由

试验确定，不得随意使用；当掺用引气型外加剂时，其含气量不宜大于4%。

（3）泵送混凝土搅拌时应按规定顺序进行投料，并且粉煤灰宜与水泥同步，外加剂的添加宜滞后于水和水泥。

（4）混凝土泵或泵车应尽可能靠近浇筑地点，浇筑时由远至近进行。混凝土供应要保证泵能连续工作。

5.混凝土浇筑

（1）浇筑混凝土前应清除模板内或垫层上的杂物。表面干燥的地基、垫层、模板上应洒水湿润；现场环境温度高于35℃时宜对金属模板进行洒水降温；洒水后不得留有积水。

（2）混凝土输送宜采用泵送方式。混凝土粗骨料最大粒径不大于25mm时可采用内径不小于125mm的输送泵管；混凝土粗骨料最大粒径不大于40mm时可采用内径不小于150mm的输送泵管。

（3）在浇筑竖向结构混凝土前应先在底部填以不大于30mm厚与混凝土中水泥、砂配比成分相同的水泥砂浆；浇筑过程中混凝土不得发生离析现象。

（4）柱、墙模板内的混凝土浇筑时当无可靠措施保证混凝土不产生离析时，其自由倾落高度应符合如下规定：①粗骨料粒径大于25mm时不宜超过3m；②粗骨料粒径不大于25mm时不宜超过6m。当不能满足上述条件时，应加设串筒、溜管、溜槽等装置。

（5）浇筑混凝土应连续进行。当必须间歇时，其间歇时间宜尽量缩短，并应在前层混凝土初凝之前将次层混凝土浇筑完毕，否则应留置施工缝。

（6）混凝土宜分层浇筑，分层振捣。当采用插入式振捣器振捣普通混凝土时，应快插慢拔，振捣器插入下层混凝土内的深度应不小于50mm。

（7）梁和板宜同时浇筑混凝土，有主次梁的楼板宜顺着次梁方向浇筑，单向板宜沿着板的长边方向浇筑；拱和高度大于1m时的梁等结构可单独浇筑混凝土。

6.施工缝

（1）施工缝的位置应在混凝土浇筑之前确定，并宜留置在结构受剪力较小且便于施工的部位。施工缝的留置位置应符合下列规定：①柱、墙水平施工缝可留设在基础、楼层结构顶面，柱施工缝与结构上表面的距离宜为0～100mm，墙施工缝与结构上表面的距离宜为0～300mm；②柱、墙水平施工缝也可留设在楼层结构底面，施工缝与结构下表面的距离宜为0～50mm；当板下有梁托时，可留设在梁托下0～20mm；③高度较大的柱、墙梁以及厚度较大的基础可根据施工需要在其中部留设水平施工缝；必要时可对配筋进行调整，并应征得设计单位认可；④有主次梁的楼板垂直施工缝应留设在次梁跨度中间的1/3范围内；⑤单向板施工缝应留设在平行于板短边的任何位置；⑥楼梯梯段施工缝宜设置

在梯段板跨度端部的 1/3 范围内；⑦ 墙的垂直施工缝宜设置在门洞口过梁跨中 1/3 范围内，也可留设在纵横交接处；⑧ 在特殊结构部位留设水平或垂直施工缝应征得设计单位同意。

（2）在施工缝处继续浇筑混凝土时应符合下列规定：① 已浇筑的混凝土，其抗压强度不应小于 $1.2N/mm^2$；② 在已硬化的混凝土表面上应清除水泥薄膜和松动石子以及软弱混凝土层，并加以充分湿润和冲洗干净，且不得积水；③ 在浇筑混凝土前宜先在施工缝处铺一层水泥浆（可掺适量界面剂）或与混凝土内成分相同的水泥砂浆；④ 混凝土应细致捣实，使新旧混凝土紧密结合。

二、砌体结构工程施工技术

（一）砌体结构的特点

砌体结构是以块材和砂浆砌筑而成的墙、柱作为建筑物主要受力构件的结构，是砖砌体、砌块砌体和石砌体结构的统称。砌体结构具有如下特点：

1.容易就地取材，比使用水泥、钢筋和木材造价低；

2.具有较好的耐久性、良好的耐火性；

3.保温隔热性能好，节能效果好；

4.施工方便，工艺简单；

5.具有承重与围护双重功能；

6.自重大，抗拉、抗剪抗弯能力低；

7.抗震性能差；

8.砌筑工程量繁重，生产效率低。

（二）砌筑砂浆

1.砂浆原材料要求

（1）水泥：水泥进场时应对其品种、等级、包装或散装仓号、出厂日期等进行检查，并应对其强度、安定性进行复验。水泥强度等级应根据砂浆品种及强度等级的要求进行选择，M15 及以下强度等级的砌筑砂浆宜选用 32.5 级的通用硅酸盐水泥或砌筑水泥；M15 以上强度等级的砌筑砂浆宜选用 42.5 级普通硅酸盐水泥。

（2）砂：宜用过筛中砂，砂中不得含有有害杂物。

（3）拌制水泥混合砂浆的建筑生石灰、建筑生石灰粉熟化为石灰膏，其熟化时间分别

不得少于 7d 和 2d。

2.砂浆配合比

(1)砌筑砂浆配合比应通过有资质的实验室，根据现场实际情况试配确定，并同时满足稠度、分层度和抗压强度的要求。

(2)当砂浆的组成材料有变更时，应重新确定配合比。

(3)砌筑砂浆的稠度通常为 30~90mm；在砌筑材料为粗糙、多孔且吸水较大的块料或在干热条件下砌筑时，应选用较大稠度值的砂浆，反之应选用稠度值较小的砂浆。

(4)砌筑砂浆的分层度不得大于 30mm，确保砂浆具有良好的保水性。

(5)施工中不应采用强度等级小于 M5 水泥砂浆替代同强度等级水泥混合砂浆，如需替代，应将水泥砂浆提高一个强度等级。

3.砂浆的拌制及使用

(1)砂浆现场拌制时，各组分材料应采用重量计量。

(2)砂浆应采用机械搅拌，搅拌时间自投料完算起：水泥砂浆和水泥混合砂浆不得少于 120s；水泥粉煤灰砂浆和掺用外加剂的砂浆不得少于 180s；掺液体增塑剂的砂浆应先将水泥、砂干拌混合均匀后，将混有增塑剂的拌合水倒入干混砂浆中继续搅拌；掺固体增塑剂的砂浆，应先将水泥、砂和增塑剂干拌混合均匀后，将拌合水倒入其中继续搅拌从加水开始，搅拌时间不应少于 210s。

(3)现场拌制的砂浆应随拌随用，拌制的砂浆应在 3h 内使用完毕；当施工期间最高气温超过 30℃时，应在 2h 内使用完毕。预拌砂浆及蒸压加气混凝土砌块专用砂浆的使用时间应按照厂家提供的说明书确定。

4.砂浆强度

(1)由边长为 70.7cm 的正方体试件，经过 28d 标准养护，测得一组 3 块试件的抗压强度值来评定。

(2)砂浆试块应在搅拌机出料口随机取样、制作，同盘砂浆应制作一组试块。

(3)每检验一批不超过 250m³ 砌体的各种类型及强度等级的砌筑砂浆，每台搅拌机应至少抽验一次。

(三)砖砌体工程

1.砌筑烧结普通砖、烧结多孔砖、蒸压灰砂砖、蒸压粉煤灰砖砌体时，砖应提前 1~2d 适度湿润，严禁采用干砖或处于吸水饱和状态的砖砌筑。块体湿润程序宜符合下列规定：

（1）烧结类块体的相对含水率为 60%～70%；

（2）混凝土多孔砖及混凝土实心砖不需浇水湿润，但在气候干燥、炎热的情况下宜在砌筑前对其喷水湿润。其他非烧结类块体的相对含水率宜为 40%～50%。

2.砌筑方法有"三一"砌筑法、挤浆法（铺浆法）、刮浆法和满口灰法四种。通常宜采用"三一"砌筑法，即一铲灰、一块砖、一揉压的砌筑方法。当采用铺浆法砌筑时，铺浆长度不得超过 750mm，施工期间气温超过 30℃时，铺浆长度不得超过 500mm。

3.设置皮数杆：在砖砌体转角处、交接处应设置皮数杆，皮数杆上标明砖皮数、灰缝厚度以及竖向构造的变化部位。皮数杆间距不应大于 15m。在相对两皮数杆上砖上边线处拉水准线。

4.砖墙砌筑形式：根据砖墙厚度不同，可采用全顺、两平一侧、全丁、一顺一丁、梅花丁或三顺一丁等砌筑形式。

5.240mm 厚承重墙的每层墙的最上一皮砖，砖砌体的阶台水平面上及挑出层的外皮砖，应整砖丁砌。

6.弧拱式及平拱式过梁的灰缝应砌成楔形缝，拱底灰缝宽度不宜小于 5mm，拱顶灰缝宽度不应大于 15mm，拱体的纵向及横向灰缝应填实砂浆；平拱式过梁拱脚下面应伸入墙内不小于 20mm；砖砌平拱过梁底应有 1% 的起拱。

7.砖过梁底部的模板及其支架拆除时，灰缝砂浆强度不应低于设计强度的 75%。

8.砖墙灰缝宽度宜为 10mm，且不应小于 8mm，也不应大于 12mm。砖墙的水平灰缝砂浆饱满度不得小于 80%；垂直灰缝宜采用挤浆或加浆方法，不得出现透明缝、瞎缝和假缝。

9.在砖墙上留置临时施工洞口，其侧边离交接处墙面不应小于 500mm，洞口净宽不应超过 1m。抗震设防烈度为 9 度地区建筑物的施工洞口位置，应会同设计单位确定。临时施工洞口应做好补砌。

10.不得在下列墙体或部位设置脚手眼：

（1）120mm 厚墙、清水墙、料石墙、独立柱和附墙柱；

（2）过梁上与过梁成 60° 角的三角形范围及过梁净跨度 1/2 的高度范围内；

（3）宽度小于 1m 的窗间墙；

（4）门窗洞口两侧石砌体 300mm，其他砌体 200mm 范围内；转角处石砌体 600mm，其他砌体 450mm 范围内；

（5）梁或梁垫下及其左右 500mm 范围内；

（6）设计不允许设置脚手眼的部位；

（7）轻质墙体；

（8）夹心复合墙外叶墙。

11.脚手眼补砌时，应清除脚手眼内掉落的砂浆、灰尖；脚手眼处砖及填塞用砖应湿润，并应填实砂浆，不得用干砖填塞。

12.设计要求的洞口、沟槽、管道应在砌筑时正确留出或预埋，未经设计同意，不得打凿墙体和在墙体上开凿水平沟槽。宽度超过 300mm 的洞口上部应有钢筋混凝土过梁。不应在截面长边小于 500mm 的承重墙体、独立柱内埋设管线。

13.砖砌体的转角处和交接处应同时砌筑，严禁无可靠措施的内外墙分砌施工。在抗震设防烈度为 8 度及以上地区，对不能同时砌筑而又必须留置的临时间断处应砌成斜槎，普通砖砌体斜槎水平投影长度不应小于高度的 2/3，多孔砖砌体的斜槎长高比不应小于 1/2。斜槎高度不得超过一步脚手架的高度。

14.非抗震设防及抗震设防烈度为 6 度、7 度地区的临时间断处，当不能留斜槎时，除转角处外，可留直槎，但直槎必须做成凸槎，且应加设拉结钢筋，拉结钢筋应符合下列规定：

（1）每 12mm 厚墙放置 16 拉结钢筋（120mm 厚墙放置 246 拉结钢筋）；

（2）间距沿墙高不应超过 500mm，且竖向间距偏差不应超过 100mm；

（3）埋入长度从留槎处算起每边均不应小于 500mm，抗震设防烈度 6 度、7 度地区，不应小于 1000m；

（4）末端应有 90°弯钩。

15.设有钢筋混凝土构造柱的抗震多层砖房，应先绑扎钢筋，然后砌砖墙，最后浇筑混凝土。墙与柱应沿高度方向每 500mm 设 246 拉筋，每边伸入墙内不应少于 1m；构造柱应与圈梁连接；砖墙应砌成马牙槎，每一马牙槎沿高度方向的尺寸不超过 300mm，马牙槎从每层柱脚开始，先退后进。该层构造柱混凝土浇筑完以后，才能进行上一层施工。

16.砖墙工作段的分段位置宜设在变形缝、构造柱或门窗洞口处；相邻工作段的砌筑高度不得超过一个楼层高度，也不宜大于 4m。

17.正常施工条件下，砖砌体每日砌筑高度宜控制在 1.5m 或一步脚手架高度内。

（四）混凝土小型空心砌块砌体工程

1.混凝土小型空心砌块分普通混凝土小型空心砌块和轻集料混凝土小型空心砌块（简称小砌块）两种。

2.施工采用的小砌块的产品龄期不应小于 28d。承重墙体使用的小砌块应完整、无破损、无裂缝。砌筑小砌块砌体宜选用专用小砌块砌筑砂浆。

3.普通混凝土小型空心砌块砌体不需对小砌块浇水湿润；如遇天气干燥、炎热宜在砌

筑前对其喷水湿润；对轻集料混凝土小砌块，应提前浇水湿润，块体的相对含水率宜为40%～50%。雨天及小砌块表面有浮水时不得施工。

4.施工前应按房屋设计图编绘小砌块平、立面排块图，施工中应按排块图施工。

5.当砌筑厚度大于190mm的小砌块墙体时宜在墙体内外侧双面挂线。小砌块应将生产时的底面朝上反砌于墙上，小砌块墙体宜逐块作（铺）浆砌筑。

6.底层室内地面以下或防潮层以下的砌体应采用强度等级不低于C20（或Cb20）的混凝土灌实小砌块的孔洞。

7.在散热器、厨房和卫生间等设置的卡具安装处砌筑的小砌块，宜在施工前用强度等级不低于C20的混凝土将其孔洞灌实。

8.小砌块墙体应孔对孔、肋对肋错缝搭砌。单排孔小砌块的搭接长度应为块体长度的1/2；多排孔小砌块的搭接长度可适当调整，但不宜小于小砌块长度的1/3，且不应小于90mm。墙体的个别部位不能满足上述要求时应在此部位水平灰缝中设置φ4钢筋网片，且网片两端与该位置的竖缝距离不得小于400mm或采用配块。墙体竖向通缝不得超过两皮小砌块，独立柱不允许有竖向通缝。

9.砌筑应从转角或定位处开始，内外墙同时砌筑，纵横交错搭接。外墙转角处应使小砌块隔皮露端面；T形交接处应使横墙小砌块隔皮露端面。

10.墙体转角处和纵横交接处应同时砌筑。临时间断处应砌成斜槎，斜槎水平投影长度不应小于斜槎高度。临时施工洞口可预留直槎，但在补砌洞口时，应在直槎上下搭砌的小砌块孔洞内用强度等级不低于Cb20或C20的混凝土灌实。

11.厚度为190mm的自承重小砌块墙体宜与承重墙同时砌筑。厚度小于190mm的自承重小砌块墙宜后砌，且应按设计要求预留拉结筋或钢筋网片。

（五）填充墙砌体工程

1.砌筑填充墙时，轻集料混凝土小型空心砌块和蒸压加气混凝土砌块的产品龄期不应小于28d，蒸压加气混凝土砌块的含水率宜小于30%。

2.砌块进场后应按品种、规格堆放整齐，堆置高度不宜超过2m。蒸压加气混凝土砌块在运输及堆放中应防止雨淋。

3.吸水率较小的轻集料混凝土小型空心砌块及采用薄灰砌筑法施工的蒸压加气混凝土砌块，砌筑前不应对其浇（喷）水湿润。

4.轻集料混凝土小型空心砌块或蒸压加气混凝土砌块墙如无切实有效的措施，不得使用于下列部位或环境：

（1）建筑物防潮层以下部位墙体；

（2）长期浸水或化学侵蚀环境；

（3）砌块表面温度高于80℃的部位；

（4）长期处于有振动源环境的墙体。

5.在厨房、卫生间、浴室等处采用轻集料混凝土小型空心砌块、蒸压加气混凝土砌块砌筑墙体时，墙底部宜现浇混凝土坎台，其高度宜为150mm。

6.蒸压加气混凝土砌块、轻集料混凝土小型空心砌块不应与其他块体混砌，不同强度等级的同类块体也不得混砌。

7.烧结空心砖砌体组砌时应上下错缝，交接处应咬槎搭砌，掉角严重的空心砖不宜使用。转角及交接处应同时砌筑，不得留直槎；留斜槎时，斜槎高度不宜大于1.2m。

8.蒸压加气混凝土砌块填充墙砌筑时应上下错缝，搭砌长度不宜小于砌块长度的1/3，且不应小于150mm。当不能满足时，在水平灰缝中应设置26钢筋或φ4钢筋网片加强，每侧搭接长度不宜小于700mm。

三、钢结构工程施工技术

（一）钢结构构件的连接

钢结构的连接方法有焊接、普通螺栓连接、高强度螺栓连接和铆接。

1.焊接

（1）焊接是钢结构加工制作中的关键步骤。根据建筑工程中钢结构常用的焊接方法，按焊接的自动化程度一般分为手工焊接、半自动焊接和全自动化焊接三种。全自动焊分为埋弧焊、气体保护焊、熔化嘴电渣焊、非熔化嘴电渣焊四种。

（2）焊工应经考试合格并取得资格证书，且在认可的范围内进行焊接作业，严禁无证上岗。

（3）焊缝缺陷通常分为：裂纹、孔穴、固体夹杂、未熔合、未焊透、形状缺陷和其他缺陷。

2.螺栓连接

钢结构中使用的连接螺栓一般分为普通螺栓和高强度螺栓两种。

（1）普通螺栓

① 常用的普通螺栓有六角螺栓、双头螺栓和地脚螺栓等；② 制孔可采用钻孔、冲孔、铣孔、铰孔、镗孔和锪孔等方法，对直径较大或长形孔采用气割制孔，严禁气割扩孔；③

普通螺栓的紧固次序应从中间开始，对称向两边进行。对大型接头应采用复拧，即两次紧固方法，保证接头内各个螺栓能均匀受力。

(2) 高强度螺栓

① 高强度螺栓按连接形式通常分为摩擦连接、张拉连接和承压连接等，其中摩擦连接是目前广泛采用的基本连接形式；② 高强度螺栓连接处的摩擦面的处理方法通常有喷砂（丸）法、酸洗法、砂轮打磨法和钢丝刷人工除锈法等。可根据设计抗滑移系数的要求选择处理工艺，抗滑移系数必须满足设计要求；③ 安装环境气温不宜低于−10℃当摩擦面潮湿或暴露于雨雪中时，停止作业；④ 高强度螺栓安装时应先使用安装螺栓和冲钉。高强度螺栓不得兼做安装螺栓；⑤ 高强度螺栓现场安装时应能自由穿入螺栓孔，不得强行穿入。若螺栓不能自由穿入时，可采用铰刀或锉刀修整螺栓孔，不得采用气割扩孔，扩孔数量应征得设计者同意，修整后或扩孔后的孔径不应超过1.2倍螺栓直径；⑥ 高强度螺栓超拧的应更换，并废弃换下的螺栓，不得重复使用。严禁用火焰或电焊切割高强度螺栓梅花头；⑦ 高强度螺栓长度应以螺栓连接副终扩后外露2~3扣丝为标准计算，应在构件安装精度调整后进行拧紧。对于扭剪型高强度螺栓的终拧检查，以目测尾部梅花头拧断为合格；⑧ 高强度大六角头螺栓连接副施拧可采用扭矩法或转角法。同一接头中，高强度螺栓连接副的初拧、复控、终拧应在24h内完成，顺序原则上是从接头刚度较大的部位向约束较小的部位、从螺栓群中央向四周进行。

(二) 钢结构涂装

钢结构涂装工程通常分为防腐涂料（油漆类）涂装和防火涂料涂装两类。通常情况下，先进行防腐涂料涂装，再进行防火涂料涂装。

1.防腐涂料涂装

钢结构防腐涂装施工宜在钢构件组装和预拼装工程检验批的施工质量验收合格后进行。钢构件采用涂料防腐涂装时可采用机械除锈和手工除锈方法进行处理。油漆防腐涂装可采用涂刷法、手工滚涂法、空气喷涂法和高压无气喷涂法。

2.防火涂料涂装

(1)钢结构防火涂料涂装施工应在钢结构安装工程和防腐涂装工程检验批施工质量验收合格后进行。当设计文件规定钢构件可不进行防腐涂装时，安装验收合格后可直接进行防火涂料涂装施工。

（2）防火涂料按涂层厚度可分为 CB、B、H 三类：

① CB 类：超薄型钢结构防火涂料，涂层厚度小于或等于 3mm；② B 类：薄型钢结构防火涂料，涂层厚度一般为 3~7mm；③ H 类：厚型钢结构防火涂料，涂层厚度一般为 7~45mm。

（3）防火涂料施工可采用喷涂、抹涂或滚涂等方法。涂装施工通常采用喷涂方法施涂。

（4）防火涂料可按产品说明在现场进行搅拌或调配。当天配置的涂料应在产品说明书规定的时间内用完。

（5）厚涂型防火涂料有下列情况之一时，宜在涂层内设置与钢构件相连的钢丝网或其他相应的措施：① 承受冲击、振动荷载的钢梁；② 涂层厚度等于或大于 40mm 的钢梁和桁架；③ 涂料黏结强度小于或等于 0.05MPa 的钢构件；④ 钢板墙和腹板高度超过 1.5m 的钢梁。

第三节　防水工程施工技术

一、屋面与室内防水工程施工技术

（一）屋面防水工程技术要求

1.屋面防水等级和设防要求

屋面防水工程应根据建筑物的类别、重要程度、使用功能要求确定防水等级，并应按相应等级进行防水设防；对防水有特殊要求的建筑屋面应进行专项防水设计。

2.屋面防水的基本要求

（1）屋面防水应以防为主，以排为辅。在完善设防的基础上应选择正确的排水坡度将水迅速排走以减少渗水的机会。混凝土结构层宜采用结构找坡，坡度不应小于 3%；当采用材料找坡时宜采用质量轻、吸水率低和有一定强度的材料，坡度宜为 2%。找坡应按屋面排水方向和设计坡度要求进行，找坡层最薄处厚度不宜小于 20mm。

（2）保温层上的找平层应在水泥初凝前压实抹平，并应留设分格缝，缝宽宜为 5~20mm，纵横缝的间距不宜大于 6m。水泥终凝前完成收水后应进行二次压光，并应及时取出分格条。养护时间不得少于 7d。卷材防水层的基层与突出屋面结构的交接处以及基层的

转角处找平层均应做成圆弧形，且应整齐、平顺。

（3）严寒和寒冷地区屋面热桥部位应按设计要求采取节能保温等隔断热桥措施。

（4）找平层设置的分格缝可兼作排气道，排气道的宽度宜为40mm；排气道应纵横贯通，并应与大气连通的排气孔相通，排气孔可设在檐口下或纵横排气道的交叉处；排气道纵横间距宜为6m，屋面面积每36m²宜设置一个排气孔，排气孔应做防水处理；在保温层下也可铺设带支点的塑料板。

（5）涂膜防水层的胎体增强材料宜采用聚酯无纺布或化纤无纺布；胎体增强材料长边搭接宽度不应小于50mm，短边搭接宽度不应小于70mm，上下层胎体增强材料的长边搭接缝应错开且不得小于幅宽的1/3，上下层胎体增强材料不得相互垂直铺设。

3.卷材防水层屋面施工

（1）卷材防水层铺贴顺序和方向应符合下列规定：① 卷材防水层施工时应先进行细造处理，然后由屋面最低标高向上铺贴；② 檐沟、天沟卷材施工时宜顺檐沟、天沟方向铺贴，搭接缝应顺流水方向；③ 卷材宜平行屋脊铺贴，上下层卷材不得相互垂直铺贴。

（2）立面或大坡面铺贴卷材时应采用满粘法，并宜减少卷材短边搭接。

（3）卷材搭接缝应符合下列规定：① 平行屋脊的搭接缝应顺流水方向；② 同一层相邻两幅卷材短边搭接缝错开，且不应小于500mm；③ 上下层卷材长边搭接缝应错开，且不应小于幅宽的1/3；④ 叠层铺贴的各层卷材，在天沟与屋面的交接处应采用叉接法搭接，搭接缝应错开。搭接缝宜留在屋面与天沟侧面，不宜留在沟底。

（4）热黏法铺贴卷材应符合以下规定：① 熔化热熔型改性沥青胶结料时，宜采用专用导热油炉加热，加热温度不应高于200℃，使用温度不宜低于180℃；② 粘贴卷材的热熔型改性沥青胶结料厚度宜为1.0~1.5mm；③ 采用热熔型改性沥青胶结料铺贴卷材时应随刮随滚铺，并应展平压实。

（5）厚度小于3mm的高聚物改性沥青防水卷材，严禁采用热熔法施工。搭接缝部位宜以溢出热熔的改性沥青胶结料为度，溢出的改性沥青胶结料宽度宜为8mm，并宜均匀顺直。

（6）屋面坡度大于25%时，卷材应采取满粘和钉压固定措施。

4.涂膜防水层屋面施工

（1）涂膜防水层施工应符合以下规定：① 防水涂料应多遍均匀涂布，并应待前一遍涂布的涂料干燥成膜后再涂布后一遍涂料，且前后两遍涂料的涂布方向应相互垂直；② 涂膜间夹铺胎体增强材料时宜边涂布边铺胎体；③ 涂膜施工应先做好细部处理，再进行大面积涂布；屋面转角及立面的涂膜应薄涂多遍，不得流淌和堆积。

（2）涂膜防水层施工工艺应符合以下规定：① 水乳型及溶剂型防水涂料宜选用滚涂或喷涂施工；② 反应固化型防水涂料宜选用刮涂或喷涂施工；③ 热熔型防水涂料宜选用刮涂施工；④ 聚合物水泥防水涂料宜选用刮涂施工；⑤ 所有防水涂料用于细部构造时，宜选用刷涂或喷涂施工。

（3）铺设胎体增强材料应符合以下规定：① 胎体增强材料宜采用聚酯无纺布或化纤无纺布；② 胎体增强材料长边搭接宽度不应小于 50mm，短边搭接宽度不应小于 70m；③ 上下层胎体增强材料的长边搭接应错开，且不得小于幅宽的 1/3；④ 上下层胎体增强材料不得相互垂直铺设。

（4）涂膜防水层的平均厚度应符合设计要求，且最小厚度不得小于设计厚度的 80%。

5.保护层和隔离层施工

（1）施工完的防水层应进行雨后观察、淋水或蓄水试验，并应在合格后再进行保护层和隔离层的施工。

（2）块体材料保护层铺设应符合以下规定：① 在砂结合层上铺设块体时，砂结合层应平整，块体间应预留 10mm 的缝隙，缝内应填砂，并用 1：2 水泥砂浆勾缝；② 在水泥砂浆结合层上铺设块体时应先在防水层上做隔离层，块体间应预留 10mm 的缝隙，缝内用 1：2 水泥砂浆勾缝；③ 块体表面应洁净、色泽一致，应无裂纹、掉角和缺楞等缺陷。

（3）水泥砂浆及细石混凝土保护层铺设应符合以下规定：① 水泥砂浆及细石混凝土保护层铺设前应在防水层上做隔离层；② 细石混凝土铺设不宜留施工缝；当施工间隙超过时间规定时应对接槎进行处理；③ 水泥砂浆及细石混凝土表面应抹平压光，不得有裂纹、脱皮、麻面、起砂等缺陷。

6.檐口、檐沟、天沟、水落口等细部的施工

（1）卷材防水屋面檐口 800mm 范围内的卷材应满粘，卷材收头应采用金属压条钉压并应用密封材料封严。檐口下端应做鹰嘴和滴水槽。

（2）檐沟和天沟的防水层下应增设附加层，附加层伸入屋面的宽度不得小于 250mm；檐沟防水层和附加层应由沟底翻上至外侧顶部，卷材收头应用金属压条钉压，并应用密封材料封严，涂膜收头应用防水涂料多遍涂刷。女儿墙泛水处的防水层下应增设附加层，附加层在平面和立面的宽度均不得小于 250mm。

（3）水落口杯应牢固地固定在承重结构上，水落口周围直径 500mm 范围内坡度不得小于 5%，防水层下应增设涂膜附加层；防水层和附加层伸入水落口杯内不得小于 50mm，并应黏结牢固。

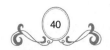

（二）室内防水工程施工技术

1.施工流程

防水材料进场复试→技术交底→清理基层→结合层→细部附加层→防水层→试水试验。

2.防水混凝土施工

（1）防水混凝土必须按配合比准确配料。当拌和物出现离析现象时必须进行二次搅拌后使用。当坍落度损失后不能满足施工要求时应加入原水胶比的水泥浆或二次掺加减水剂进行搅拌，严禁直接加水。

（2）防水混凝土应采用高频机械分层振捣密实，振捣时间宜为10~30s。当采用自密实混凝土时可不进行机械振捣。

（3）防水混凝土应连续浇筑，少留施工缝。当留设施工缝时，宜留置在受剪力较小、便于施工的部位。墙体水平施工缝应留在高出楼板表面不小于300mm的墙体上。

（4）防水

混凝土终凝后应立即进行养护，养护时间不得少于14d。

（5）防水混凝土冬期施工时，其入模温度不得低于5℃。

3.防水水泥砂浆施工

（1）基层表面应平整、坚实、清洁，并应充分湿润，无积水。

（2）防水砂浆应采用抹压法施工，分遍成活。各层应紧密结合，每层宜连续施工。当需留槎时，上下层接槎位置应错开100mm以上，离转角20mm内不得留接槎。

（3）防水砂浆施工环境温度不得低于5℃。终凝后应及时进行养护，养护温度不得低于5℃，养护时间不得小于14d。

（4）聚合物水泥防水砂浆未达到硬化状态时不得浇水养护或直接受水冲刷，硬化后应采用干湿交替的养护方法。潮湿环境中可在自然条件下养护。

4.涂膜防水层施工

（1）基层应平整牢固，表面不得出现孔洞、蜂窝麻面、缝隙等缺陷；基面必须干净、无浮浆，基层干燥度应符合产品要求。

（2）施工环境温度：水乳型涂料宜为5℃~35℃。

（3）涂料施工时应先对阴阳角、预埋件、穿墙（楼板）管等部位进行加强或密封处理。

（4）涂膜防水层应多遍成活，后一遍涂料施工应待前一遍涂层表干后再进行。前后两

遍的涂刷方向应相互垂直，宜先涂刷立面，后涂刷平面。

（5）铺贴胎体增强材料时应充分浸透防水涂料，不得露胎及褶皱。胎体材料长边搭接不得小于50mm，短边搭接宽度不得小于70mm。

（6）防水层施工完毕验收合格后应及时做保护层。

5.卷材防水层施工

（1）基层应平整牢固，表面不得出现孔洞、蜂窝麻面、缝隙等缺陷；基面必须干净、无浮浆，基层干燥度应符合产品要求。采用水泥基胶黏剂的基层应先充分湿润，但不得有明水。

（2）卷材铺贴施工环境温度：采用冷粘法施工不得低于5℃，热熔法施工不得低于-10℃。

（3）以粘贴法施工的防水卷材，其与基层应采用满黏法铺贴。

（4）卷材接缝必须粘贴严密。接缝部位应进行密封处理，密封宽度不得小于10mm。搭接缝位置距阴阳角应大于300mm。

（5）防水卷材施工宜先铺立面，后铺平面。防水层施工完毕验收合格后，方可进行其他层面的施工。

二、地下防水工程施工技术

（一）地下防水工程的一般要求

1.地下工程的防水等级分为四级。防水混凝土的环境温度不得高于80℃。

2.地下防水工程施工前，施工单位应进行图纸会审，掌握工程主体及细部构造的防水技术要求，编制防水工程施工方案。

3.地下防水工程必须由有相应资质的专业防水施工队伍进行施工，主要施工人员应持有建设行政主管部门或其指定单位颁发的执业资格证书。

（二）防水混凝土施工

1.防水混凝土可通过调整配合比，或掺加外加剂、掺合料等措施配制而成，其抗渗等级不得小于P6。其试配混凝土的抗渗等级应比设计要求提高0.2MPa。

2.用于防水混凝土的水泥品种宜采用硅酸盐水泥、普通硅酸盐水泥。所选用石子的最大粒径不宜大于40mm，砂宜选用中粗砂，不宜使用海砂。

3.在满足混凝土抗渗等级、强度等级和耐久性条件下，水胶比不得大于0.50，有侵蚀

性介质时水胶比不宜大于 0.45；防水混凝土宜采用预拌商品混凝土，其人泵坍落度宜控制在 120~160mm；预拌混凝土的初凝时间宜为 6~8h。

4.防水混凝土拌合物应采用机械搅拌，搅拌时间不宜小于 2min。

5.防水混凝土应分层连续浇筑，分层厚度不得大于 500mmn。

6.防水混凝土应连续浇筑，宜少留施工缝。

7.施工缝应按设计及规范要求做好施工缝防水构造。

8.大体积防水混凝土宜选用水化热低和凝结时间长的水泥，宜掺入减水剂、缓凝剂等外加剂和粉煤灰、磨细矿渣粉等掺合料。在设计许可的情况下，掺粉煤灰混凝土设计强度等级的龄期宜为 60d 或 90d。炎热季节施工时，入模温度不得大于 30℃。在混凝土内部预埋管道时宜进行水冷散热。大体积防水混凝土应采取保温保湿养护，混凝土中心温度与表面温度的差值不得大于 25℃，表面温度与大气温度的差值不得大于 20℃，养护时间不得少于 14d。

9.地下室外墙穿墙管必须采取止水措施，单独埋设的管道可采用套管式穿墙防水。当管道集中多管时，可采用穿墙群管的防水方法。

（三）水泥砂浆防水层施工

1.水泥砂浆的品种和配合比设计应根据防水工程要求确定。

2.水泥砂浆防水层可用于地下工程主体结构的迎水面或背水面，不应用于受持续振动或温度高于 80℃ 的地下工程防水。

3.聚合物水泥防水砂浆厚度单层施工宜为 6~8mm，双层施工宜为 10~12mm；掺外加剂或掺合料的水泥防水砂浆厚度宜为 18~20mm。

4.水泥砂浆应使用硅酸盐水泥、普通硅酸盐水泥或特种水泥。砂宜采用中砂，含泥量不得大于 1%。

5.水泥砂浆防水层施工的基层表面应平整、坚实、清洁，并应充分湿润，无明水基层表面的孔洞、缝隙，应采用与防水层相同的防水砂浆堵塞并抹平。

6.水泥砂浆防水层应在基础垫层、初期支护、围护结构及内衬结构验收合格后施工。施工前应将预埋件、穿墙管预留凹槽内嵌填密封材料，然后施工水泥砂浆防水层。

7.防水砂浆宜采用多层抹压法施工。应分层铺抹或喷射，铺抹时应压实、抹平，最后一层表面应提浆压光。

8.水泥砂浆防水层各层应紧密黏合，每层宜连续施工；必须留设施工缝时应采用阶梯坡形槎，离阴阳角处的距离不得小于 200mm。

9.水泥砂浆防水层不得在雨天、五级及以上大风天气中施工。冬期施工时，气温不得

低于5℃。夏季不宜在30℃以上或烈日照射下施工。

10.水泥砂浆防水层终凝后应及时进行养护，养护温度不宜低于5℃，并应保持砂浆表面湿润，养护时间不得少于14d。

11.聚合物水泥防水砂浆拌和后应在规定的时间内用完，施工中不得任意加水。潮湿环境中，可在自然条件下养护。

(四)卷材防水层施工

1.卷材防水层宜用于经常处于地下水环境，且受侵蚀介质作用或受震动作用的地下工程。

2.铺贴卷材严禁在雨天、雪天、五级及以上大风天气中施工；冷粘法、自粘法施工的环境气温不宜低于5℃，热熔法、焊接法施工的环境气温不宜低于-10℃。施工过程中下雨或下雪时应做好已铺卷材的防护工作。

3.卷材防水层应铺设在混凝土结构的迎水面上。用于建筑地下室时应铺设在结构底板垫层至墙体防水设防高度的结构基面上。

4.卷材防水层的基面应坚实、平整、清洁、干燥，阴阳角处应做成圆弧或45°坡角，其尺寸应根据卷材的品种确定，并应涂刷基层处理剂；当基面潮湿时，应涂刷湿固化型胶黏剂或潮湿界面隔离剂。

5.如设计无要求时，阴阳角等特殊部位铺设的卷材加强层宽度不得小于500mm。

6.结构底板垫层混凝土部位的卷材可采用空铺法或点粘法施工，侧墙采用外防外贴法的卷材及顶板部位的卷材应采用满粘法施工。铺贴立面卷材防水层时，应采取防止卷材下滑的措施。

7.铺贴双层卷材时，上下两层和相邻两幅卷材的接缝应错开1/3~1/2幅宽，且两层卷材不得相互垂直铺贴。

8.弹性体改性沥青防水卷材和改性沥青聚乙烯胎防水卷材采用热熔法施工应加热均匀，不得加热不足或烧穿卷材，搭接缝部位应溢出热熔的改性沥青。

9.采用外防外贴法铺贴卷材防水层时，应符合下列规定：

(1)先铺平面，后铺立面，交接处应交叉搭接。

(2)临时性保护墙宜采用石灰砂浆砌筑，内表面宜做找平层。

(3)从底面折向立面的卷材与永久性保护墙的接触部位，应采用空铺法施工；卷材与临时性保护墙或围护结构模板的接触部位，应将卷材临时贴附在该墙上或模板上，并应将顶端临时固定。当不设保护墙时，从底面折向立面的卷材接槎部位应采取可靠保护措施。

(4)混凝土结构完成，铺贴立面卷材时，应先将接槎部位的各层卷材揭开，并将其表

面清理干净，如卷材有损坏应及时修补。卷材接槎的搭接长度，高聚物改性沥青类卷材应为150mm，合成高分子类卷材应为100mm；当使用两层卷材时，卷材应错槎接缝，上层卷材应盖过下层卷材。

10.采用外防内贴法铺贴卷材防水层时应符合下列规定：

(1)混凝土结构的保护墙内表面应抹厚度为20mm的1:3水泥砂浆找平层，然后铺贴卷材；

(2)卷材宜先铺立面，后铺平面；铺贴立面时，应先铺转角，后铺大面。

11.卷材防水层经检查合格后应及时做保护层。顶板卷材防水层上的细石混凝土保护层采用人工回填土时厚度不宜小于50mm，采用机械碾压回填土时厚度不宜小于70mm，防水层与保护层之间宜设隔离层。底板卷材防水层上细石混凝土保护层厚度不应小于50mm。侧墙卷材防水层宜采用软质保护材料或铺抹20mm厚1:2.5水泥砂浆层。

(五)涂料防水层施工

1.涂料防水层适用于受侵蚀性介质作用或受震动作用的地下工程。无机防水涂料宜用于结构主体的背水面或迎水面，有机防水涂料用于地下工程主体结构的迎水面，用于背水面的有机防水涂料应具有较高的抗渗性，且与基层有较好的黏结性。

2.涂料防水层严禁在雨天、雾天、五级及以上大风天气时施工，不得在施工环境温度低于5℃及高于35℃或烈日暴晒时施工。涂膜固化前如有降雨可能时应及时做好已完涂层的保护工作。

3.有机防水涂料基层表面应基本干燥，不应有气孔、凹凸不平、蜂窝麻面等缺陷。涂料施工前，基层阴阳角应做成圆弧形，阴角直径宜大于50mm，阳角直径宜大于10mm，在底板转角部位应增加胎体增强材料，并应增涂防水涂料。

4.防水涂料应分层刷涂或喷涂，涂层应均匀，不得漏刷漏涂。涂刷应待前遍涂层干燥成膜后进行，每遍涂刷时应交替改变涂层的涂刷方向，同层涂膜的先后搭压宽度为30～50mm。处接缝宽度不得小于100mm，接涂前应将其表面处理干净。

5.采用有机防水涂料时，基层阴阳角处应做成圆弧；在转角处、变形缝、施工缝穿墙管等部位应增加胎体增强材料和增涂防水涂料，宽度不得小于50m。胎体增强材料的搭接宽度不得小于10mm，上下两层和相邻两幅胎体的接缝应错开1/3幅宽，具上下两层胎体不得相互垂直铺贴。

6.涂料防水层完工并经验收合格后应及时做保护层。底板宜采用1:2.5水泥砂浆层和50～70mm厚的细石混凝土保护层；顶板采用细石混凝土保护层，机械回填时不宜小于70mm，人工回填时不宜小于50mm。防水层与保护层之间宜设置隔离层。

第四节 装饰装修工程施工技术

一、吊顶工程施工技术

(一) 吊顶工程施工技术要求

1.安装龙骨前应按设计要求对房间净高、洞口标高和吊顶管道、设备及其支架的标高进行交接检验。

2.吊顶工程的木吊杆、木龙骨和木饰面板必须进行防火处理，并应符合有关设计防火规范的规定。

3.吊顶工程中的预埋件、钢筋吊杆和型钢吊杆应进行防锈处理。

4.安装面板前应完成吊顶内管道和设备的调试及验收。

5.吊杆距主龙骨端部和距墙的距离不得大于300mm。吊杆间距和主龙骨间距不得大于1200mm，当吊杆长度大于1.5m时应设置反支撑。当吊杆与设备相遇时应调整增设吊杆。

6.当石膏板吊顶面积大于100m² 时，纵横方向每12~18m距离处宜做伸缩缝处理。

(二) 吊顶工程的隐蔽工程项目验收

吊顶工程应对以下隐蔽工程项目进行验收：
1.吊顶内管道、设备的安装及水管试压风管的避光试验；
2.木龙骨防火、防腐处理；
3.预埋件或拉结筋；
4.吊杆安装；
5.龙骨安装；
6.填充材料的设置。

二、轻质隔墙工程施工技术

(一) 板材隔墙

板材隔墙是指不需设置隔墙龙骨，由隔墙板材自承重，将预制或现制的隔墙板材直接固定于建筑主体结构上的隔墙工程。

1.施工技术要求

（1）在限高以内安装条板隔墙时，竖向接板不宜超过一次，相邻条板接头位置应错开300mm以上，错缝范围可为300～500mm。

（2）在既有建筑改造工程中，条板隔墙与地面接缝处应间断布置抗震钢卡，间距应不大于1m。

（3）在条板隔墙上横向开槽、开洞敷设电气暗线、暗管、开关盒时，选用隔墙厚度应大于90mm。开槽深度不应大于墙厚的2/5，开槽长度不得大于隔墙长度的1/2。

（4）条板隔墙上需要吊挂重物和设备时不得单点固定，单点吊挂力应小于1000N，并应在设计时考虑加固措施，两点间距应大于300mm。

（5）普通石膏条板隔墙及其他有防水要求的条板隔墙用于潮湿环境时，下端应做混凝土条形墙垫，墙垫高度不应小于100mm。

（6）防裂措施：应在板与板之间对接缝隙内填满、灌实黏结材料，企口接缝处可粘贴耐碱玻璃纤维网格布条或无纺布条防裂，亦可加设拉结钢筋加固及其他防裂措施。

（7）采用空心条板做门、窗框板时，距板边120～150mm内不得有空心孔洞；可将空心条板的第一孔用细石混凝土灌实。门、窗框一侧应设置预埋件，根据门窗洞口大小确定固定位置，每一侧固定点应不小于3处。

2.施工方法

（1）组装顺序

当有门洞口时，应从门洞口处向两侧依次进行；当无门洞口时，应从端向另一端顺序安装。

（2）配板

板材隔墙饰面板安装前应按品种、规格、颜色等进行分类选配。板的长度应按楼层结构净高尺寸减去20mm。

（3）安装隔墙板

安装方法主要有刚性连接和柔性连接。刚性连接适用于非抗震设防区的内隔墙安装；柔性连接适用于抗震设防区的内隔墙安装。安装板材隔墙所用的金属件应进行防腐处理。

（二）骨架隔墙

1.饰面板安装

骨架隔墙一般以纸面石膏板（潮湿区域应采用防潮石膏板）、人造木板、水泥纤维板等为墙面板。

2.石膏板安装

（1）石膏板应竖向铺设，长边接缝应落在竖向龙骨上。双层石膏板安装时两层板的接缝不应在同一根龙骨上；需进行隔声、保温、防火处理的应根据设计要求在一侧板安装好后，进行隔声、保温、防火材料的填充，再封闭另一侧板。

（2）石膏板应采用自攻螺钉固定。安装石膏板时，应从板的中部开始向板的四边固定。钉头略埋入板内，但不得损坏纸面；钉眼应用石膏腻子抹平。

（3）轻质隔墙与顶棚和其他墙体的交接处应采取防开裂措施。隔墙板材所用接缝材料的品种及接缝方法应符合设计要求；设计无要求时，板缝处粘贴 50~60mm 宽的嵌缝带，阴阳角处粘贴 200mm 宽纤维布（每边各 100mm 宽），并用石膏腻子刮平，总厚度控制在 3mm 内。

（4）接触砖、石、混凝土的龙骨、埋置的木楔和金属型材应做防腐处理。

三、地面工程施工技术

建筑地面包括建筑物底层地面和楼层，也包含室外散水、明沟、台阶、踏步和坡道等。

1.进场材料应有质量合格证明文件，应对其型号、规格、外观等进行验收，重要材料或产品应抽样复验。

2.建筑地面下的沟槽、暗管等工程完工后经验收合格并做隐蔽记录，方可进行建筑地面工程施工。

3.建筑地面工程基层（各构造层）和面层的铺设，均应待其下一层检验合格后，方可施工上一层。建筑地面工程各层铺设前与相关专业的分部(子分部)工程、分项工程以及设备管道安装工程之间应进行交接检验。

4.建筑地面工程施工时，各层环境温度及其所铺设材料温度的控制应符合下列要求：

（1）采用掺有水泥、石灰的拌合料铺设以及用石油沥青胶结料铺贴时不应低于 5℃；

（2）采用有机胶黏剂粘贴时不宜低于 10℃；

（3）采用砂、石材料铺设时不应低于 0℃；

（4）采用自流平、涂料铺设时不应低于 5℃，也不应高于 30℃。

四、饰面板（砖）工程施工技术

(一)饰面板安装工程

饰面板安装工程分为石材饰面板安装（方法有：湿作业法、粘贴法和干挂法）、金属

饰面板安装（方法有：木衬板粘贴、有龙骨固定面板）、木饰面板安装（方法有：龙骨钉固法、黏接法）和镜面玻璃饰面板安装四类。

（二）饰面砖粘贴工程

1.饰面砖粘贴排列方式主要有"对缝排列"和"错缝排列"两种。

2.墙、柱面砖粘贴前应进行挑选，并应浸水2h以上，晾干表面水分。

3.粘贴前应进行放线定位和排砖，非整砖应排放在次要部位或阴角处。每面墙不宜有两列（行）以上非整砖，非整砖宽度不宜小于整砖的1/3。

4.粘贴前应确定水平及竖向标志，垫好底尺，挂线粘贴。墙面砖表面应平整、接缝应平直、缝宽应均匀一致。阴角砖应压向正确，阳角线宜做成45°角对接。在墙、柱面突出物处，应整砖套割吻合，不得用非整砖拼凑粘贴。

5.结合层砂浆宜采用1:2水泥砂浆，砂浆厚度宜为6~10mm。水泥砂浆应满铺在墙面砖背面，一面墙、柱不宜一次粘贴到顶，以防塌落。

（三）饰面板(砖)工程

1.应对下列材料及其性能指标进行复验：

(1)室内用花岗石的放射性；

(2)粘贴用水泥的凝结时间、安定性和抗压强度；

(3)外墙陶瓷面砖的吸水率；

(4)寒冷地区外墙陶瓷面砖的抗冻性。

2.应对下列隐蔽工程项目进行验收：

(1)预埋件（或后置埋件）；

(2)连接节点；

(3)防水层。

五、门窗工程施工技术

（一）金属门窗

1.门窗扇安装

(1)推拉门窗在门窗框安装固定好后，将配好玻璃的门窗扇整体安入框内滑槽，调整好与扇的缝隙，扇与框的搭接量应符合设计要求，推拉扇开关力应不大于100N。同时，应有防脱落措施。

（2）平开门窗在框与扇格架组装上墙、安装固定好后再安玻璃。密封条安装时应留有比门窗的装配边长 20~30mm，转角处应斜面断开，并用胶黏剂粘贴牢固，避免收缩产生缝隙。

2.五金配件安装

五金配件与门窗连接用镀锌螺钉。安装的五金配件应固定牢固，使用灵活。

(二) 塑料门窗

塑料门窗应采用预留洞口的方法安装，不得边安装边砌口或先安装后砌口施工。

1.当门窗与墙体固定时，应先固定上框，后固定边框。固定方法如下：

（1）混凝土墙洞口采用射钉或膨胀螺钉固定；

（2）砖墙洞口应用膨胀螺钉固定，不得固定在砖缝处，并严禁用射钉固定；

（3）轻质砌块或加气混凝土洞口可在预埋混凝土块上用射钉或膨胀螺钉固定；

（4）设有预埋铁件的洞口应采用焊接的方法固定，也可先在预埋件上按紧固件规格打基孔，然后用紧固件固定；

（5）窗下框与墙体也采用固定片固定，但应按照设计要求，处理好室内窗台板与室外窗台的节点处理，防止窗台渗水。

2.安装组合窗时，应从洞口的一端按顺序安装。

(三) 门窗玻璃安装

1.玻璃品种、规格应符合设计要求。单块玻璃大于 $1.5m^2$ 时应使用安全玻璃。玻璃表面应洁净，不得有腻子、密封胶、涂料等污渍。中空玻璃内外表面均应洁净，中空层内不得有灰尘和水蒸气。

2.门窗玻璃不应直接接触型材。单面镀膜玻璃的镀膜层及磨砂玻璃的磨砂面应朝向室内，但磨砂玻璃作为浴室、卫生间门窗玻璃时，则应注意将其花纹面朝外，以防表面浸水而透视。中空玻璃的单面镀膜玻璃应在最外层，镀膜层应朝向室内。

六、建筑幕墙工程施工技术

(一) 建筑幕墙的分类

建筑幕墙按照面板材料分为玻璃幕墙、金属幕墙、石材幕墙三种；按施工方法分为单

元式幕墙、构件式幕墙。

(二)建筑幕墙的预埋件制作与安装

常用建筑幕墙预埋件有平板形和槽形两种，其中平板形预埋件应用最为广泛。

(三)框支承玻璃幕墙的制作与安装

框支承玻璃幕墙分为明框、隐框、半隐框三类。

1.框支承玻璃幕墙构件的制作

玻璃板块加工应在洁净、通风的室内注胶，要求室内温度在15℃~30℃之间，相对湿度在50%以上在温度为20℃，湿度为50%以上的干净室内养护。单组分硅酮结构密封胶固化时间一般需14~21d；双组分硅酮结构密封胶一般需7~10d。

2.框支承玻璃幕墙的安装

(1)框支承玻璃幕墙的安装包括立柱安装、横梁安装、玻璃面板安装和密封胶嵌缝。

(2)不得采用自攻螺钉固定承受水平荷载的玻璃压条。

(3)玻璃幕墙开启窗的开启角度不宜大于30°，开启距离不宜大于300mm。

(4)密封胶的施工厚度应大于3.5mm，一般小于4.5mm。密封胶的施工宽度不宜小于厚度的2倍。

(5)不宜在夜晚、雨天打胶。打胶温度应符合设计要求和产品要求。

(6)严禁使用过期的密封胶。硅酮结构密封胶不宜作为硅酮耐候密封胶使用，两者不能互代。同一个工程应使用同一品牌的硅酮结构密封胶和硅酮耐候密封胶。密封胶注满后应检查胶缝。

(四)金属与石材幕墙工程的安装技术及要求

1.框架安装的技术

(1)金属与石材幕墙的框架通常采用钢管或钢型材框架，较少采用铝合金型材。

(2)幕墙横梁应通过角码、螺钉或螺栓与立柱连接。螺钉直径不得小于4mm，每处连接螺钉不应少于3个，如用螺栓不应少于2个。横梁与立柱之间应有一定的相对位移能力。

2.面板加工制作要求

(1)幕墙用单层铝板厚度不应小于2.5mm；单层铝板折弯加工时，折弯外圆弧半径不应小于板厚的1.5倍。

（2）板块四周应采用铆接、螺栓或黏结与机械连接相结合的形式固定。

（3）铝塑复合板在切割内层铝板和聚乙烯塑料时，应保留不小于 0.3mm 厚的聚乙烯塑料，并不得划伤铝板的内表面。

（4）打孔、切口等外露的聚乙烯塑料应采用中性硅酮耐候密封胶密封；在加工过程中，铝塑复合板严禁与水接触。

3.面板的安装要求

（1）金属面板嵌缝前先把胶缝处的保护膜撕开，清洁胶缝后，方可打胶；大面上的保护膜待工程验收前，方可撕去。

（2）石材幕墙面板与骨架的连接有钢销式、通槽式、短槽式、背栓式、背挂式等方式。

（3）不锈钢挂件的厚度不宜小于 3.0mm，铝合金挂件的厚度不宜小于 4.0mm。

（4）金属与石材幕墙板面嵌缝应采用中性硅酮耐候密封胶。

（五）建筑幕墙的保护和清洗

1.幕墙框架安装后不得作为操作人员和物料进出的通道；操作人员不得踩在框架上操作。

2.玻璃面板安装后，在易撞、易碎部位都应有醒目的警示标识或安全装置。

3.有保护膜的铝合金型材和面板，在不妨碍下道工序施工的前提下，不得提前撕除，待竣工验收前，方可撕去。

4.对幕墙的框架、面板等应采取措施进行保护，使其不发生变形、污染和被刻划等现象。幕墙施工中表面的黏附物，都应随时清除。

5.幕墙工程安装完成后，应制定清洁方案。应选择无腐蚀性的清洁剂进行清洗；在清洗时，应检查幕墙排水系统是否畅通，发现堵塞应及时疏通。

6.幕墙外表面的检查、清洗作业不得在 4 级以上风力和大雨（雪）天气下进行。

第三章　建筑工程项目成本管理

第一节　建筑工程成本计划

一、成本计划的概念、特点与分类

(一)成本计划的概念及特点

1.成本计划的概念

成本计划是在多种成本预测的基础上经过分析、比较、论证、判断之后，以货币形式预先规定计划期内项目施工的耗费和成本所要达到的水平，并且确定各个成本项目比预计要达到的降低额和降低率，提出保证成本计划实施所需要的主要措施方案。

项目成本计划是项目全面计划管理的核心，其内容涉及项目范围内的人、财、物和项目管理职能部门等方方面面。项目作为基本的成本核算单位有利于项目成本计划管理体制的改革和完善，以及解决传统体制下施工预算与计划成本、施工组织设计与项目成本计划相互脱节的问题，为改革施工组织设计、创立新的成本计划体系创造有利条件和环境。改革、创新的主要措施，就是将编制项目质量手册、施工组织设计、施工预算或项目计划成本、项目成本计划有机结合，形成新的项目计划体系，将工期、质量、安全和成本目标高度统一，形成以项目质量管理为核心，以施工网络计划和成本计划为主体，以人工、材料、机械设备和施工准备工作计划为支持的项目计划体系。

2.成本计划的特点

建筑工程成本计划在建筑工程成本管理中起着承上启下的作用，其主要具有以下特点：

(1)积极主动性

成本计划不仅仅是被动地按照已确定的技术设计、工期、实施方案和施工环境来预算工程的成本，而是更注重进行技术经济分析，从总体上考虑项目工期、成本、质量和实施方案之间的相互影响和平衡，以寻求最优的解决途径。

（2）动态控制的过程

项目不仅在计划阶段进行周密的成本计划而且要在实施过程中将成本计划和成本控制合为一体，不断地根据新情况（工程设计的变更、施工环境的变化等），随时调整和修改计划，预测项目施工结束时的成本状况以及项目的经济效益，形成一个动态控制过程。

（3）采用全寿命周期理论

成本计划不仅针对建设成本，还要考虑运营成本的高低。一般而言，对施工项目的功能要求高、建筑标准高，则施工过程中的工程成本增加，但今后使用期内的运营费用会降低；反之，如果工程成本低，则运营费用会提高。通常通过对项目全寿命期做总经济性比较和费用优化来确定项目的成本计划。

（4）成本目标的最小化与项目盈利的最大化相统一

盈利的最大化经常是从整个项目的角度分析的。经过对项目的工期和成本的优化选择一个最佳的工期，以降低成本，使成本的最小化与盈利的最大化取得一致。

（二）成本计划的分类

建筑工程成本计划是一个不断深化的过程，在这个过程中按其作成本计划又可分为竞争性成本计划、指导性成本计划、实施性成本计划三种。

1.竞争性成本计划

竞争性成本计划是指工程项目投标及签订合同阶段的估算成本计划。它主要是以招标文件中法人合同文件、投标者须知、技术规程、设计图纸或工程量清单为依据，以有关价格条件说明为基础，结合工程实际情况等对本企业完成招标工程所需要支出的全部费用进行估算。

2.指导性成本计划

指导性成本计划是指选派项目经理阶段的预算成本计划。它是以合同标书为依据，按照企业的预算定额标准制订的设计预算成本计划。

3.实施性成本计划

实施性成本计划是指项目施工准备阶段的施工预算成本计划。它是以项目实施方案为依据，落实项目经理的责任目标，采用企业的施工定额，通过施工预算的编制而形成的实施性成本计划。

二、成本计划的组成与分析

（一）建筑工程成本计划的组成

建筑工程成本计划的内容包括直接成本计划和间接成本计划。如果项目设有附属生产单位（如加工厂、预制厂、机械动力站和汽车队等），成本计划还包括产品成本计划和作业成本计划。

1.直接成本计划

建筑工程直接成本计划的指标应经过科学的分析预测确定，可以采用对比法、因素分析法等进行测定。施工项目降低直接成本计划主要反映工程成本的预算价值、计划降低额和计划降低率。一般包括以下几方面的内容：

（1）总则

对施工项目的概述，项目管理机构及层次介绍，有关工程的进度计划、外部环境特点，对合同中有关经济问题的责任，成本计划编制中依据其他文件及其他规格也均应作适当的介绍。

（2）目标及核算原则

施工项目降低成本计划及计划利润总额、投资和外汇总节约额（如有的话）、主要材料和能源节约额、货款和流动资金节约额等。核算原则是指参与项目的各单位在成本、利润结算中采用何种核算方式，如承包方式、费用分配方式、会计核算原则（权责发生制与收付实现制）、结算款所用两种币制等，如有不同，应予以说明。

（3）降低成本计划总表或总控制方案

项目主要部分的分部成本计划，如施工部分，编写项目施工成本计划，按直接费、间接费、计划利润的合同中标数、计划支出数、计划降低额分别填入。如有多家单位参与施工时，要分单位编制后再汇总。

（4）对施工项目成本计划中计划支出数估算过程的说明

要对材料费、人工费、机械费、运费等主要支出项目加以分解。以材料费为例应说明：钢材、木材、水泥、砂石、加工订货制品等主要材料和加工预制品的计划用量、价格，模板摊销列入成本的幅度，脚手架等租赁用品计划付多少款，材料采购发生的成本差异是否列入成本等，以便在实际施工中加以控制与考核。

（5）计划降低成本的来源分析

应反映项目管理过程计划采取的增产节约、增收节支和各项措施及预期效果。以施工

部分为例，应反映技术组织措施的主要项目及预期经济效果。可依据技术、劳资、机械、材料、能源、运输等各部门提出的节约措施，加以整理、计算。

2.间接成本计划

间接成本计划主要反映施工现场管理费用的计划数、预算收入数及降低额。间接成本计划应根据工程项目的核算期，以项目总收入费的管理费为基础，制定各部门费用的收支计划，汇总后作为工程项目的管理费用的计划。在间接成本计划中收入应与取费口径一致，支出应与会计核算中管理费用的二级科目一致。间接成本的计划的收支总额应与项目成本计划中管理费一栏的数额相符。各部门应按照节约开支、压缩费用的原则，制定"管理费用归口包干指标落实办法"，以保证该计划的实施。

(二)建筑工程施工进度成本分析

为了便于在分部分项工程的施工中同时进行进度与成本的控制，掌握进度与成本的变化过程，可以按照横道图和网络图的特点分别进行处理分析。

1.横道图进度计划与施工成本的同步分析

从横道图可以掌握到的信息包括：每道工序的进度与成本的同步关系，即施工到什么阶段，就将发生多少成本；每道工序的计划施工时间与实际施工时间（从开始到结束）之比（提前或拖期）以及对后道工序的影响；每道工序的计划成本与实际成本之比（节约或超支）以及对完成某一时期责任成本的影响；每道工序施工进度的提前或拖期对成本的影响程度；整个施工阶段的进度和成本情况。

通过进度与成本同步跟踪的横道图要实现以计划进度和计划成本控制实际进度和实际成本，随着每道工序进度的提前或拖期，对每个分项工程的成本实行动态控制，以保证项目成本目标的实现。

2.网络图计划的进度与成本的同步控制

网络图的表达方式有单代号网络图和双代号网络图两种：单代号网络图是指组织网络图的各项工作由节点表示，以箭线表示各项工作的相互制约关系。采用这种符号从左向右绘制而成的网络图；双代号网络图是指组成网络图的各项工作由节点表示工作的开始和结束，以箭线表示工作的名称，把工作的名称写在箭线上方，工作的持续时间（小时、天、周）写在箭线下方，箭尾表示工作的开始，箭头表示工作的结束。采用这种符号从左向右绘制而成的网络图。绘制网络图后，就可以从网络图中看到每道工序的计划进度与实际进度、计划成本与实际成本的对比情况，同时也可清楚地看出今后控制进度、控制成本的方向。

与横道图进度计划相比较，网络图计划的优点是：能够明确表达各项工作之间的逻辑关系；通过网络时间参数的计算，可以找出关键线路和关键工作；通过网络时间参数的计算，可以明确各项工作的机动时间；网络计划可以利用电子计算机进行计算、优化和调整。但网络图计划在计算劳动力、资源消耗量时比较困难，没有横道图计划一样直观明了，但可以通过绘制时标网络计划得以弥补。

在项目成本计划优化过程中，项目管理人员针对降低成本的目标提出各项施工的改进措施，在成本分析的过程中，既要制定成本控制目标，又要制订出降低成本的计划。例如：在核算材料时，在确定工程实体净消耗的基础上合理确定材料损耗水平，提出各环节材料损耗的理想目标及方法，力争将成本控制在目标水平之下。在施工工艺中，则由技术人员和管理人员共同分析工艺中存在的可改进的环节，采用降低成本保证质量，提高施工效率的新工艺，从根本上改进成本控制目标。在项目施工前，项目管理人员就可依据施工项目成本管理计划，制订奖惩标准，激励施工人员投入成本控制工作。

（三）建筑工程施工质量成本分析

质量是企业的生命，质量好的建筑物是无言的广告，然而很多施工企业为谋求高的利润而使用劣质、不合格的材料，在施工中偷工减料，导致工程发生事故。这不仅仅有损企业的形象，更是对人民生命和财产的损害，因而施工企业的成本控制者应深刻理解质量与成本的关系，在施工管理过程中加强质量管理，避免因工程质量而带来的损失。

质量成本是指项目为保证和提高产品质量而支出的一切费用，以及未达到质量标准而产生的一切损失费用之和。质量成本分四类：一是施工项目内部故障成本，如返工、停工、降级复检等引起的费用，这一类费用是非正常费用，应当减少，并追究造成该费用发生当事人的责任；二是外部故障成本，如保修、索赔等引起的费用，这一类费用的发生要注意施工过程中的签证，会同监理、业主共同处理探讨并作详细的施工记录以便索赔和反索赔；三是质量检验费用，该项费用是不可避免的，应按有关规定办理；四是质量预防费用，对事故要做好预防措施以免事故发生时不知从哪儿出这笔资金，转事后控制为事前控制。

研究建筑工程质量成本，首先要从质量成本核算开始，而后是质量成本分析和质量成本控制。

1.质量成本核算

质量成本核算主要是指将施工过程中发生的质量成本费用，按照预防成本、鉴定成本、内部故障成本和外部故障成本的明细科目归集，然后计算各个时期各项质量成本的发生情况。质量成本的明细科目，可根据实际支付的具体内容来确定。一般预防成本下设置质量管理工作费、质量情报费、质量培训费、质量技术宣传费、质量管理活动费等子目；鉴定成本下设置材料检验试验费、工序监测和计量服务费、质量评审活动费等子目；内部故障成本下设置返工损失、返修损失、停工损失、质量过剩损失、技术超前支出和事故分析处理等子目；外部故障成本下设置保修费、赔偿费、诉讼费和因违反环境保护法而发生的罚款等子目。

进行质量成本核算的原始资料主要来自会计账簿和财务报表或利用会计账簿和财务报表的资料整理加工而得。但也有一部分资料需要依靠技术、技监等有关部门提供，如质量过剩损失和技术超前支出等。

2.质量成本分析

质量成本分析就是将质量成本核算后的各种质量成本资料按照质量管理工作要求进行分析比较，使之成为改进质量、提高经济效益的有力工具。主要包括质量成本总额分析、质量成本构成分析、内部故障成本和外部故障成本分析以及其他质量成本分析。通过质量成本分析可得到必要的信息，从而为调整、确定质量成本中各项费用的投入，达到既定质量目标提供可靠依据。在实际工作中，质量过高或过低都会造成浪费，不能使企业获得好的经济效益。因此，必然追求最佳质量水平和最佳成本水平。为了使企业产品质量和成本达到最佳质量水平，就应围绕企业经营目标分析企业内、外部各种影响因素。

(四)建筑工程施工项目成本计划的风险分析及其修正

1.建筑工程施工项目成本计划的风险分析

在编制施工项目的成本计划时，不可避免地会考虑一定的风险因素。因为，目前我国实行的是社会主义市场经济体制，市场调节成为配置社会资源的主要方式，通过价格供求和竞争机制，使有限的资源配置到效益好的方面和企业去，这就必将促进企业间的竞争、加大风险。在成本计划编制中可能存在着导致成本支出加大，甚至形成亏损的因素，主要包括：由于技术上、工艺上的变更，造成施工方案的变化；交通、能源、环保方面的要求带来的变化；原材料价格变化、通货膨胀带来的连锁反应；工资及福利方面的变化；气候带来的自然灾害；可能发生的工程索赔、反索赔事件；国际国内可能发生的战争、骚乱事件；国际结算中的汇率风险等。

2.建筑工程施工项目成本计划的修正

(1)建筑工程成本计划中降低施工项目成本的可能途径可从以下几方面考虑：

① 加强施工管理，提高施工组织水平。主要是正确选择施工方案，合理布置施工现

场；采用先进的施工方法和施工工艺，不断提高工业化、现代化水平；组织均衡生产，搞好现场调度和协作配合；注意竣工收尾，加快工程进度，缩短工期；② 加强技术管理，提高工程质量。主要是研究推广新产品、新技术、新结构、新材料、新机器及其他技术革新措施，制订并贯彻降低成本的技术组织措施，提高经济效果，加强施工过程的技术质量检验制度，提高工程质量，避免返工损失；③ 加强劳动工资管理，提高劳动生产率。主要是改善劳动组织，合理使用劳动力，减少窝工浪费；执行劳动定额，实行合理的工资和奖励制度；加强技术教育和培训工作，提高工人的文化技术水平和操作熟练程度；加强劳动纪律，提高工作效率，压缩非生产用工和辅助用工，严格控制非生产人员比例；④ 加强机械设备管理，提高机械使用率。主要是正确选配和合理使用机械设备，做好机械设备的保养修理，提高机械的完好率、利用率和使用效率，从而加快施工进度、增加产量、降低机械使用费；⑤ 加强材料管理，节约材料费用。主要是改进材料的采购、运输、收发、保管等方面的工作，减少各个环节的损耗，节约采购费用；合理堆置现场材料，组织分批进场，避免和减少二次搬运；严格材料进场验收和限额领料制度；制订并贯彻节约材料的技术措施，合理使用材料，尤其是三大材，大搞节约代用，修旧利废和废料回收，综合利用一切资源；⑥ 加强费用管理，节约施工管理费，主要是精减管理机构，减少管理层次，压缩非生产人员，实行定额管理，制定费用分项分部门的定额指标，有计划地控制各项费用开支；⑦ 积极采用降低成本的新管理技术。如系统工程、工业工程、全面质量管理、价值工程等，其中价值工程是寻求降低成本途径行之有效的方法。

（2）降低成本措施效果的计算

降低成本的技术组织措施项目确定后要计算其采用后预期的经济效果。这实际上也是降低成本目标保证程度的预测。

① 由于劳动生产率提高，超过平均工资增长而使成本降低；② 由于材料、燃料消耗降低而使成本降低。成本降低率=材料、燃料等消耗降低率×材料成本占工程成本的比重；③ 由于多完成工程任务，使固定费用相对节约而使成本降低。成本降低率 =（1−1/生产增长率）×固定费用占工程成本的比重；④ 由于节约管理费而使成本降低。成本降低率=管理费节约率×管理费占工程成本的比重；⑤ 由于减少废品、返工损失而使成本降低。成本降低率=废品返工成本计划中降损失降低率×废品返工损失占工程成本的比重。机械使用费和其他直接低成本的途径费的节约额也可以根据要采用的措施计算出来。将以上各项成本降低率相加，就可以测算出总的成本降低率。

第二节 建筑工程成本控制

一、成本控制的概念

项目成本控制是指项目经理部在项目成本形成的过程中为控制人工、机械、材料消耗和费用支出，降低工程成本，达到预期的项目成本目标所进行的成本预测、计划、实施、核算、分析、考核、整理成本资料与编制成本报告等一系列活动。

项目成本控制是在成本发生和形成的过程中对成本进行的监督检查。成本的发生和形成是一个动态的过程，这就决定了成本的控制也应该是一个动态过程，因此，也可称为成本的过程控制。

二、成本控制的目的与意义

建筑工程成本控制的目的在于降低项目成本，提高经济效益。然而项目成本的降低除控制成本支出以外，还必须增加工程预算收入。因为只有在增加收入的同时节约支出才能提高施工项目成本的降低水平。建筑工程成本控制的意义主要体现在以下几个方面：

(一) 成本控制是成本管理的重要环节

成本管理是一个包括成本预测、成本决策、成本计划、成本控制、成本核算、成本考核和成本分析等环节的有机总体。在这个总体中，成本控制是一个主要环节，它对于实现成本管理目标具有重要的地位和作用。在成本管理中，如果只对工程成本进行预测和决策，提出计划成本目标，但对施工费用控制不力，出现"成本失控"，那么预测、决策、成本控制与成本计划环节再好、再完善也无济于事，预定的成本目标也难以实现。施工管理的本质区别是在经营管理中，尽管成本核算、成本分析和成本考核工作都组织得不错，但是，如果对施工消耗和支出不进行严格的控制，不能防范施工损失浪费于未然，消耗多少算多少，支出多少算多少，那么成本核算、成本分析和成本考核也就不能发挥其应有的作用。因此，加强成本管理关键就是要重视和抓好成本控制这一主要环节，积极做好成本控制的管理工作，以达到降低成本，提高经济效益的目的。

(二) 成本控制是提高企业经营管理水平的重要手段

建筑工程成本是由施工消耗和经营管理支出组成的，它是反映企业各项施工技术经济

活动的综合性指标，一切施工活动和经营管理水平都将直接影响建筑工程成本的升降。因此对成本进行控制就要对施工生产、施工技术、劳动工资、物资供应、工程预算、财务会计等日常管理工作提出相应的要求，建立健全各项控制标准和控制制度。这样就可以加强成本的控制工作，提高企业的经营管理水平，保证成本目标的实现。

（三）成本控制是实行企业经济责任制的重要内容

为了加强企业管理，建筑企业要实行成本管理责任制，并把成本管理责任制纳入企业经济责任制，作为它的一项重要内容。实行成本控制需要把节约施工耗费和支出，降低成本的目标，具体落实到项目经理部及其所属施工班组，要求各项目经理部及管理环节对节约和降低成本承担经济责任。因此，做好成本控制工作可以调动全体职工的积极性，主动献计献策，挖掘降低成本的一切潜力，把节约和降低成本的目标变成广大职工的行动，纳入企业经济责任制的考核范围。

三、成本控制的对象

（一）以工程成本形成的过程作为控制对象

根据对项目成本实行全面、全过程控制的要求，具体控制内容如下：

1.在工程投标阶段，应根据工程概况和招标文件，进行项目成本的预测，提出投标决策意见。

2.施工准备阶段，应结合设计图纸的自审、会审和其他资料（如地质勘探资料等），编制实施性施工组织设计，通过多方案的技术经济比较，从中选择经济合理、先进可行的施工方案，编制明细的成本计划，对项目成本进行事前控制。

3.施工阶段，利用施工图预算、施工预算、劳动定额、材料消耗定额和费用开支标准等对实际发生的成本费用进行控制。

4.竣工交付使用及保修阶段，应对竣工验收过程中发生的费用和保修费用进行控制。

（二）以项目的职能部门、施工队和生产班组作为控制对象

成本控制的具体内容是日常发生的各种费用和损失。这些费用和损失都发生在各个职能部门、施工队和生产班组。因此也应以职能部门、施工队和班组作为成本控制对象，接受项目经理和企业有关部门的指导、监督、检查和考评。

项目的职能部门、施工队和班组还应对自己承担的责任成本进行自我控制，应该说这是最直接、最有效的项目成本控制。

（三）以分部分项工程作为项目成本的控制对象

为了把成本控制工作做得扎实、细致，还应以分部分项工程作为项目成本的控制对象。在正常情况下，项目应该根据分部分项工程的实物量，参照施工预算定额，联系项目管理的技术素质、业务素质和技术组织措施的节约计划，编制包括工、料、机消耗数量以及单价、金额在内的施工预算，作为对分部分项工程成本进行控制的依据。

边设计、边施工的项目比较多，不可能在开工之前一次编出整个项目的施工预算，但可根据出图情况，编制分阶段的施工预算。总的来说，无论是完整的施工预算还是分阶段的施工预算，都是进行项目成本控制必不可少的依据。

（四）以对外经济合同作为成本控制对象

在社会主义市场经济体制下，工程项目的对外经济业务都要以经济合同为纽带建立合约关系，以明确双方的权利和义务。在签订经济合同时除要根据业务要求规定时间、质量、结算方式和履（违）约奖罚等条款外，还必须强调将合同的数量、单价、金额控制在预算收入以内。合同金额超过预算收入就意味着成本亏损；反之，就能降低成本。

四、成本控制的组织及其职责

施工项目的成本控制不仅仅是专业成本员的责任，所有的项目管理人员，特别是项目经理都要按照自己的业务分工各负其责。所以要重点强调成本控制，一方面是因为成本控制的重要性，是诸多国际指标中的必要指标之一；另一方面还在于成本指标的综合性和群众性，既要依靠各部门、各单位的共同努力，又要由各部门、各单位共享低成本的成果。为了保证项目成本控制工作的顺利进行，需要把所有参加项目建设的人员组织起来并按照各自的分工开展工作。

（一）建立以项目经理为核心的项目成本控制体系

项目经理负责制是项目管理的特征之一。实行项目经理负责制就是要求项目经理对项目建设的进度、质量、成本、安全和现场管理标准化等全面负责，特别要把成本控制放在首位，因为成本失控必然影响项目的经济效益，难以完成预期的成本目标，更无法向职工交代。

（二）建立项目成本管理责任制

项目管理人员的成本责任不同于工作责任。有时工作责任已经完成，甚至还完成得相

当出色,但成本责任却没有完成。例如:项目工程师贯彻工程技术规范认真负责,对保证工程质量起到了积极的作用,但往往强调了质量,忽视了节约,影响了成本。又如,材料员采购及时,供应到位,配合施工得力,值得赞扬,但在材料采购时就远不就近,就次不就好,就高不就低,既增加了采购成本,又不利于工程质量。因此,应该在原有职责分工的基础上,还要进一步明确成本管理责任,使每一个项目管理人员都有这样的认识:在完成工作责任的同时还要为降低成本精打细算,为节约成本开支严格把关。

各项目管理人员在处理日常业务中对成本应尽的职责如下:

1.合同预算员的成本控制职责

(1)根据合同内容、预算定额和有关规定,充分利用有利因素,编好施工图预算,为增收节支把好第一关。

(2)深入研究合同规定的"开口"项目,在有关项目管理人员(如项目工程师、材料员)的配合下努力增加工程收入。

(3)收集工程变更资料(包括工程变更通知单、技术核定单和按实结算的资料等),及时办理增加账,保证工程收入,及时收回垫付的资金。

(4)参与对外经济合同的谈判和决策,以施工图预算和增加账为依据,严格控制经济合同的数量、单价和金额,切实做到"以收定支"。

2.工程技术人员的成本控制职责

(1)根据施工现场的实际情况合理规划施工现场平面布置(包括机械布局,材料、构件的堆放场地,车辆进出现场的运输道路,临时设施的搭建数量和标准等),为文明施工、减少浪费创造条件。

(2)严格执行工程技术规范和以预防为主的方针,确保工程质量,减少零星修补,消灭质量事故,不断降低质量成本。

(3)根据工程特点和设计要求,运用自身的技术优势,采取实用、有效的技术组织措施和合理化建议,走技术与经济相结合的道路,为提高项目经济效益开拓新的途径。

(4)严格执行安全操作规程,减少一般安全事故,消灭重大人身伤亡事故和设备事故,确保安全生产,将事故损失降低到最低限度。

3.材料员的成本控制职责

(1)材料采购和构件加工,要选择质高、价低、运距短的供应(加工)单位。对到场的材料、构件要正确计算、认真验收,如遇质量差、量不足的情况要进行索赔。切实做到:一要降低材料、构件的采购(加工)成本;二要减少采购(加工)过程中的管理损耗,为降低材料成本走好第一步。

(2)根据项目施工的计划进度及时组织材料、构件的供应，保证项目施工的顺利进行，防止因停工待料造成损失。在构件加工的过程中要按照施工顺序组织配套供应，以免因规格不齐造成施工间隙，浪费时间，浪费人力。

(3)在施工过程中严格执行限额领料制度，控制材料损耗；同时，还要做好余料的回收和利用，为考核材料的实际损耗水平提供正确的数据。

(4)钢管脚手和钢模板等周转材料进出现场都要认真清点，正确核实并减少赔损数量；使用以后要及时回收、整理、堆放，并及时退场，既可节省租费又有利于场地整洁，还可加速周转提高利用效率。

(5)根据施工生产的需要合理安排材料储备，减少资金占用，提高资金利用效率。

4.机械管理人员的成本控制职责

(1)根据工程特点和施工方案合理选择机械的型号规格，充分发挥机械的效能，节约机械费用。

(2)根据施工需要合理安排机械施工，提高机械利用率，减少机械费成本。

(3)严格执行机械维修保养制度加强平时的机械维修保养，保证机械完好，随时都能保持良好的状态在施工中正常运转，为提高机械作业、减轻劳动强度、加快施工进度发挥作用。

5.行政管理人员的成本控制职责

(1)根据施工生产的需要和项目经理的意图，合理安排项目管理人员和后勤服务人员，节约工资性支出。

(2)具体执行费用开支标准和有关财务制度，控制非生产性开支。

(3)管好行政办公用的财产物资，防止损坏和流失。

(4)安排好生活后勤服务，在勤俭节约的前提下满足职工群众的生活需要，安心为前方生产出力。

6.财务成本人员的成本控制职责

(1)按照成本开支范围、费用开支标准和有关财务制度，严格审核各项成本费用，控制成本开支。

(2)建立月度财务收支计划制度，根据施工生产的需要，平衡调度资金，通过控制资金使用达到控制成本的目的。

(3)建立辅助记录，及时向项目经理和有关管理人员反馈信息，以便对资源消耗进行有效的控制。

(4)开展成本分析，特别是分部分项工程成本分析、月度成本综合分析和针对特定问

题的专题分析，要做到及时向项目经理和有关项目管理人员反映情况，提出和解决问题的建议，以便采取针对性的措施来纠正项目成本的偏差。

（5）在项目经理的领导下协助项目经理检查、考核各部门、各单位乃至班组责任成本的执行情况，落实责、权、利相结合的有关规定。

（三）实行对施工队分包成本的控制

1.对施工队分包成本的控制

在管理层与劳务层两层分离的条件下，项目经理部与施工队之间需要通过劳务合同建立发包与承包的关系。在合同履行过程中项目经理部有权对施工队的进度、质量、安全和现场管理标准进行管理，同时按合同规定支付劳务费用。至于施工队成本的节约和超支，属于施工队自身的管理范畴，项目经理部无权过问，也不应该过问。

这里所说的对施工队分包成本的控制，是指以下几方面：

（1）工程量和劳动定额的控制

项目经理部与施工队的发包和承包是以实物工程量和劳务定额为依据的。在实际施工中由于业主变更使用需要等原因，往往会发生工程设计和施工工艺的变更，使工程数量和劳动定额与劳务合同互有出入，需要按实调整承包金额。对于上述变更事项，一定要强调事先的技术签证，严格控制合同金额的增加；同时还要根据劳务费用增加的内容，及时办理增减账，以便通过工程款结算从甲方那里取得补偿。

（2）估点工的控制

由于建筑施工的特点施工现场经常会有一些零星任务出现，需要施工队去完成。而这些零星任务都是事先无法预见的，只能在劳务合同规定的定额用工以外另行估工或点工，这就会增加相应的劳务费用支出。为了控制估点工的数量和费用，可以采取以下方法：一是对工作量比较大的任务工作，通过领导、技术人员和生产骨干"三结合"讨论确定估工定额，使估点工的数量控制在估工定额的范围以内；二是按定额用工的一定比例（5%～10%）由施工队包干，并在劳务合同中明确规定。一般情况下，应以第二种方法为主。

（3）坚持奖罚分明的原则

实践证明，项目建设的速度、质量、效益在很大程度上都取决于施工队的素质和在施工中的具体表现。

因此，项目经理部除要对施工队加强管理以外还要根据施工队完成施工任务的业绩，对照劳务合同规定的标准，认真考核，分清优劣，有奖有罚。在掌握奖罚尺度时要以奖励为主，以激励施工队的生产积极性；但对达不到工期、质量等要求的情况也要照章罚款并

赔偿损失。这是一件事情的两个方面，必须以事实为依据，才能收到相辅相成的效果。

2.落实生产班组的责任成本

生产班组的责任成本就是分部分项工程成本。其中实耗人工属于施工队分包成本的组成部分，实耗材料则是项目材料费的构成内容。因此，分部分项工程成本既与施工队的效益有关又与项目成本不可分割。

生产班组的责任成本应由施工队以施工任务单和限额领料单的形式落实给生产班组并由施工队负责回收和结算。

签发施工任务单和限额领料单的依据为：施工预算工程量、劳动定额和材料消耗定额。在下达施工任务的同时还要向生产班组提出进度、质量、安全和文明施工的具体要求以及施工中应该注意的事项。以上这些也是生产班组完成责任成本的制约条件。在任务完成后的施工任务单结算中需要联系责任成本的实际完成情况进行综合考评。

由此可见，施工任务单和限额领料单是项目管理中最基本、最扎实的基础管理，它们不仅能控制生产班组的责任成本，还能使项目建设的快速、优质、高效建立在坚实的基础之上。

第三节　建筑工程造价及其管理

一、工程造价的概念、特点、作用与分类

(一)工程造价的概念

工程造价的全称就是工程的建造价格。工程泛指一切建设工程，包括施工工程项目。工程造价由设备及工器具购置费用、建筑安装工程费用、工程建设其他费用、预备费、建设期贷款利息、固定资产投资方向调节税构成。

工程造价有两种含义，但都离不开市场经济的大前提。

第一种含义：工程造价是指建设一项工程预期开支或实际开支的全部固定资产投资费用。显然这一含义是从投资者（业主）的角度来定义的。投资者在投资活动中所支付的全部费用形成了固定资产和无形资产，所有这些开支就构成了工程造价。从这个意义上说，工程造价就是工程投资费用，建设项目工程造价就是建设项目固定资产投资。

第二种含义：工程造价是指工程价格，即为建成一项工程预计或实际在土地市场、设

备市场、技术劳务市场及承包市场等交易活动中所形成的建筑安装工程的价格和建设工程总造价。显然，工程造价的第二种含义是以社会主义商品经济和市场经济为前提的。它是以工程这种特定的商品形式作为交易对象，通过招投标、承发包或其他交易方式，在进行多次预估的基础上最终由市场形成的价格。

通常把工程造价的第二种含义只认定为工程承发包价格。应该肯定承发包价格是工程造价中一种重要的也是最典型的价格形式。它是在建筑市场通过招投标由需求主体投资者和供给主体建筑商共同认可的价格。鉴于建筑安装工程价格在项目固定资产中占有50%～60%的份额，又是工程建设中最活跃的部分；鉴于建筑企业是建设工程的实施者及其重要的市场主体地位，工程承发包价格被界定为工程价格的第二种含义很有现实意义。但是，这样界定对工程造价的含义理解较狭窄。

所谓工程造价的两种含义是从不同角度把握同一事物的本质。从建设工程的投资者来说面对市场经济条件下的工程造价就是项目投资，是"购买"项目要付出的价格，同时也是投资者在作为市场供给主体时"出售"项目时定价的基础。对于承包商、供应商和规划、设计等机构来说工程造价是其作为市场供给主体出售商品和劳务的价格的总和，或是特指范围的工程造价，如施工项目造价。

(二) 工程造价的特点

由于建筑工程项目的特点，工程造价有以下特点：

1.工程造价的大额性

能够发挥投资效用的任一一项工程项目，不仅实物形体庞大，而且造价高昂。动辄数百万、数千万、数亿、数十亿，特大的工程项目造价可达百亿、千亿元人民币。工程项目造价的大额性使它关系到有关各方面的重大经济利益，同时也会对宏观经济产生重大影响。这就决定了工程项目造价的特殊地位，也说明了造价管理的重要意义。

2.工程造价的个别性、差异性

任一工程项目都有特定的用途、功能、规模。因此，对每一个工程项目结构、造型、空间分割、设备配置和内外装饰都有具体的要求。所以工程内容和实物形态都具有个别性、差异性。工程项目的个别性、差异性决定了工程项目造价的个别性差异。同时每一个工程项目所处时期、地区、地段都不相同，使得这一特点得到强化。

3.工程造价的动态性

任一工程项目从决策到竣工交付使用都有一个较长的建设期间，而且由于不可控因素的影响，在预计工期内，许多影响工程项目造价的动态因素会发生变化，如设计变更、建

材涨价、工资提高等，这些变化必然会影响到造价的变动。所以工程项目造价在整个建设期中处于不确定状态，直至竣工决算后才能最终确定工程项目的实际造价。

4.工程造价的层次性

造价的层次性取决于工程项目的层次性。一个工程项目往往含有多个能够独立发挥设计效果的单项工程（车间、写字楼、住宅楼等），一个单项工程又是由能够各自发挥专业效能的多个单位工程（土建工程、电气安装工程等）组成。与此相适应，工程项目造价有三个层次：工程项目总造价、单项工程造价和单位工程造价。如果专业分工更细，单位工程（如土建工程）的组成部分——分部分项工程也可以成为交易对象，如大型土石方工程、基础工程、装饰工程等，这样，工程项目造价的层次就增加为分部工程和分项工程而成为五个层次。即使从工程项目造价的计算和工程项目管理的角度看，施工项目造价的层次性也是非常突出的。

5.工程造价的兼容性

工程造价的兼容性首先表现在它具有两种含义（从不同利益方出发，工程自身出发）。其次表现在造价构成因素的广泛性和复杂性。在工程项目造价中，除建筑安装工程费用、设备及工具购置费用外，征收土地费用、项目可行性研究、规划设计费用、与政府一定时期政策（产业政策和税收政策）相关的费用占有相当的份额。盈利的构成较为复杂，资金成本较大。

(三) 工程造价的作用

1.工程造价是项目决策的依据

建设工程投资大、生产和使用周期长等特点决定了项目决策的重要性。工程造价决定着项目的一次投资费用。投资者是否有足够的财务能力支付这笔费用，是否认为值得支付这项费用是项目决策中要考虑的主要问题。财务能力是一个独立的投资主体必须首先解决的问题。如果建设工程的造价超过投资者的支付能力，就会迫使投资者放弃拟建的项目；如果项目投资的效果达不到预期目标，投资者也会自动放弃拟建的工程。因此，在项目决策阶段，建设工程造价就成为项目财务分析和经济评价的重要依据。

2.工程造价是制订投资计划和控制投资的依据

工程造价在控制投资方面的作用非常明显。工程造价是通过多次预估，最终通过竣工决算确定下来的。每一次预估的过程就是对造价的控制过程，而每一次估算对下一次估算又都是对造价严格的控制，具体地讲，每一次估算都不能超过前一次估算的一定幅度。这种控制是在投资者财务能力限度内为取得既定的投资效益所必需的。建设工程造价对投资的控制也表现在利用制定各类定额、标准和参数对建设工程造价的计算依据进行控制。在市场经济利益风险机制的作用下，造价对投资的控制作用成为投资的内部约束机制。

3.工程造价是筹集建设资金的依据

投资体制的改革和市场经济的建立，要求项目的投资者必须具有很强的筹资能力，以保证工程建设有充足的资金供应。工程造价基本决定了建设资金的需求量，从而为筹集资金提供了比较准确的依据。当建设资金来源于金融机构的贷款时，金融机构在对项目的偿贷能力进行评估的基础上也需要依据工程造价来确定给予投资者的贷款数额。

4.工程造价是评价投资效果的重要指标

工程造价是一个包含着多层次工程造价的体系，就一个工程项目来说它既是建设项目的总造价又包含单项工程的造价和单位工程的造价，同时也包含单位生产能力的造价或1 m^2 建筑面积的造价等。所有这些使工程造价自身形成了一个指标体系。它能够为评价投资效果提供多种评价指标，并能够形成新的价格信息，为今后类似项目的投资提供参考。

5.工程造价是合理利益分配和调节产业结构的手段

工程造价的高低涉及国民经济各部门和企业间的利益分配。在计划经济体制下，政府为了用有限的财政资金建成更多的工程项目，总是趋向于压低建设工程造价，使建设中的劳动消耗得不到完全补偿，价值不能得到完全实现，而未被实现的部分价值则被重新分配到各个投资部门，为项目投资者所占有。这种利益的再分配有利于各产业部门按照政府的投资导向加速发展，也有利于按宏观经济的要求调整产业结构，但也会严重损害建筑企业的利益，从而使建筑业的发展长期处于落后状态，与整个国民经济的发展不相适应。在市场经济体制下，工程造价无一例外地受供求状况的影响，并在围绕价值的波动中实现对建设规模、产业结构和利益分配的调节。加上政府正确的宏观调控和价格政策导向，工程造价在这方面的作用会充分发挥出来。

(四) 工程造价的分类

建筑工程造价按用途可分为标底价格、投标价格、中标价格、直接发包价格。合同价格。

1.标底价格

标底价格又称招标控制价，是招标人的期望价格，不是交易价格。招标人以此作为衡量投标人投标价格的一个尺度，也是招标人的一种控制投资的手段。编制标底价可由招标人自行操作，也可由招标人委托招标代理机构操作，由招标人作出决策。

2.投标价格

投标人为了得到工程施工承包的资格按照招标人在招标文件中的要求进行估价，然后根据投标策略确定投标价格，以争取中标并通过工程实施取得经济效益。如果中标，这个价格就是合同谈判和签订合同确定工程价格的基础。

3.中标价格

评标委员会应当按照招标文件确定的评标标准和方法，对投标文件进行评审和比较；设有标底的，应当参考标底。可见，评标的依据一是招标文件，二是标底（如果设有标底时）。

中标人的投标应符合下列条件之一：一是能够最大限度地满足招标文件中规定的各项综合评价标准；二是能够满足招标文件的实质性要求，并且经评审的投标价格最低，但是投标价低于成本的除外。其中，第二个条件说的主要是投标报价。

4.直接发包价格

直接发包价格是由发包人与指定的承包人直接接触，通过谈判达成协议并签订施工合同而不需要像招标承包定价方式那样通过竞争定价。直接发包方式计价只适用于不宜进行招标的工程，如军事工程、保密技术工程、专利技术工程及发包人认为不宜招标而又不违反《中华人民共和国招标投标法》第三条（招标范围）规定的其他工程。

直接发包方式计价首先提出协商价格意见的可能是发包人或其委托的中介机构，也可能是承包人提出价格意见交发包人或其委托的中介组织进行审核。无论由哪一方提出协商价格意见，都要通过谈判协商，签订承包合同，确定为合同价。

直接发包价格是以审定的施工图预算为基础，由发包人与承包人商定增减价的方式定价的。

5.合同价格

合同价可采用以下方式：

（1）固定价。合同总价或者单价在合同约定的风险范围内不可调整。

（2）可调价。合同总价或者单价在合同实施期内，根据合同约定的办法调整。

（3）成本加酬金。发承包双方在确定合同价款时应当考虑市场环境和生产要素价格变化对合同价款的影响。

（五）建筑工程造价与成本的关系

1.建筑工程造价与成本的区别

（1）概念性质的不同

这是造价与成本的根本区别。造价是建筑产品的价格，是价值的货币表现；成本是建

筑产品施工生产过程中的物质资料耗费和劳动报酬耗费的货币支出。至于造价与成本的具体构成项目上的异同,以上已经通过对比作了介绍。

(2)概念定义的角度不同

成本概念是从施工企业或项目经理部来定义的,主要为施工企业所关心;在市场决定产品价格的前提下,施工企业更关心的是如何降低成本以争取尽可能大的利润空间;造价却具有双重含义,除在施工企业眼中是建筑产品的价格之外,同时也是投资人的投入资金,是业主为获得建筑产品而支付的代价,故而投资人或业主甚至比施工企业更关心造价。

2.建筑工程造价与成本的联系

(1)两者均是决定施工项目利润的要素

简单看来造价与成本的差额就是利润。作为施工企业来说,当然想在降低成本的同时尽量提高承包合同价。企业只有同时搞好造价管理和成本管理工作才有可能盈利。片面地强调其中之一而忽视另一个,企业都不可能实现预期的利润。

(2)两者的构成上有相同之处

造价的构成项目涵盖了成本的构成项目,这就决定了对于施工企业来说,造价的确定、计量、控制与成本的预测、核算、控制是密不可分的。

二、建筑工程造价计量

工程量是确定建筑安装工程费用、编制施工规划、安排工程施工进度、编制材料供应计划、进行工程统计和经济核算的重要依据。它是指以物理计量单位或自然计量单位所表示的工程各个分项工程实物数量。

工程计量可选择按月或按工程形象进度分段计量,具体计量周期在合同中约定。

对承包人超出施工设计图纸(含设计变更)或因承包人原因造成返工的工程量,发包人不予计量。

(一) 工程量计算依据

1.施工图纸及设计说明、相关图集、设计变更、图纸答疑、会审记录等。

2.工程施工合同、招标文件的商务条款。

3.工程量计算规则。工程量清单计价规范中详细规定了各分部分项工程中实体项目的工程量计算规则,分部分项工程量的计算应严格按照这一规定进行。除另有说明外,清单项目工程量的计量按设计图示以工程实体的净值考虑。

（二）工程量计算的一般原则

1.计算规则要一致

工程量计算与定额中规定的工程量计算规则（或计算方法）一致才符合定额的要求。预算定额中对分项工程的工程量计算规则和计算方法都作了具体规定，计算时必须严格按规定执行。例如：墙体工程量计算中，外墙长度按外墙中心线长度计算，内墙长度按内墙净长线计算。又如，楼梯面层及台阶面层的工程量按水平投影面积计算。

按施工图纸计算工程量采用的计算规则，必须与本地区现行预算定额计算规则一致。

各省、自治区、直辖市预算定额的工程量计算规则的主要内容基本相同，差异不大。在计算工程量时应按工程所在地预算定额规定的工程量计算规则进行计算。

2.计算口径要一致

计算工程量时根据施工图纸列出的工程子目的口径（指工程子目所包括的工作内容），必须与土建基础定额中相应的工程子目的口径一致。不能将定额子目中已包含了的工作内容拿出来另列子目计算。

3.计算单位要一致

计算工程量时所计算工程子目的工程量单位必须与土建基础定额中相应子目的单位一致。

4.计算尺寸的取定要准确

计算工程量时首先要对施工图尺寸进行核对，并且对各子目计算尺寸的取定要准确。

5.计算的顺序要统一

计算工程量时要遵循一定的计算顺序依次进行计算，这是避免发生漏算或重算的重要措施。

6.计算精确度要统一

工程量的数字计算要准确，一般应精确到小数点后三位。

（三）工程量计算的方法

施工图预算的工程量计算，通常采用按施工先后顺序、按预算定额的分部分项顺序和统筹法进行计算。

1.按施工顺序计算，即按工程施工顺序的先后来计算工程量

计算时先地下、后地上，先底层、后上层，先主要、后次要。大型和复杂工程应先划

成区域，编成区号，分区计算。

2.按定额项目的顺序计算

由前到后逐项对照施工图设计内容，能对上号的就计算。采用这种方法计算工程量，要求熟悉施工图纸，具有较多的工程设计基础知识，并且要注意施工图中有的项目可能套不上定额项目，这时应单独列项，待编制补充定额时，切记不可因定额缺项而漏项。

3.用统筹法计算工程量

统筹法计算工程量是根据各分项工程量计算之间的固有规律和相互之间的依赖关系，运用统筹原理和统筹图来合理安排工程量的计算程序，并按其顺序计算工程量。

用统筹法计算工程量的基本要点是：统筹程序，合理安排；利用基数，连续计算；一次计算，多次使用；结合实际，灵活机动。

第四章　建筑工程项目质量管理

第一节　建筑工程质量与管理体制

一、质量与建筑工程质量

(一)质量

1.定义

质量就其本质来说是一种客观事物具有某种能力的属性，由于客观事物具备了某种能力，才可能满足人们的需要。

2.含义

(1)质量不只是产品所固有的，既可是某项活动或者某个过程的工作质量，又可是某项管理体系运行的质量。质量是由一组固有特性组成的，这些固有特性是指满足顾客和其他相关方要求的特性并以满足要求的程度进行表征。

(2)特性是指区分的特征。特征可以是固有的也可以是赋予的；可以是定性的也可以是定量的；质量特性是固有的特性，是通过产品、过程、体系设计、开发以及在实现过程中形成的属性。

(3)满足要求是指满足明示的（如合同、规范、标准、技术、文件和图纸中明确规定的）、隐含的（如组织的惯例、一般习惯）或必须履行的（如法律法规、行规）的需要和期望，而满足要求的程度才是反映质量好坏的标准。

(4)人们对质量的要求是动态的。质量要求随着时间、地点、环境的变化而变化。如随着科学技术的发展人们生活水平的不断提高，其对质量的要求也越来越高。这也是国家和地方要修订各种规范标准的原因。

（二）建筑工程质量

1.建筑工程

建筑工程是指新建、改建或扩建房屋建筑物和附属构筑物设施所进行的规划、勘察、设计、施工、竣工等各项技术工作和完成的工程实体。

2.建筑工程质量理论

（1）定义

建筑工程质量是反映建筑工程满足相关标准规定或合同约定的要求，包括其在安全使用功能及其在耐久性能、环境保护等方面所有明显和隐含能力的特性总和。

（2）含义

建筑工程作为特殊产品，不但要满足一般产品共有的质量特性，还具有特殊的含义。

① 安全性。安全性这是建筑工程质量最重要的特性，主要是指建筑工程建成后在使用过程中要保证结构安全、保证人身和财产安全。其中包括建筑工程组成部分及各附属设施都要保证使用者的安全。

② 适用性。适用性即功能性，这也是建筑工程质量的重要的特性，是指建筑工程满足使用目的的各种性能。如住宅要满足人们居住生活的功能；商场要满足人们购物的功能；剧场要满足人们视听观感的功能；厂房要满足人们生产活动的功能；道路、桥梁、铁路、航道要满足相应的通达便捷的功能。

③ 耐久性。耐久性即寿命，是指建筑工程在规定条件下满足规定功能要求使用的年限，也就是工程竣工后的合理使用周期。由于各类建筑工程的使用功能不同，因此国家对不同的建筑工程的耐久性有不同的要求。如民用建筑主体结构耐用年限分为四级（15~30年、30~50年、50~100年、100年以上）；公路工程年限一般在10~20年。

④ 可靠性。可靠性是指工程在规定的时间和规定的条件下完成规定功能的能力，即建筑工程不仅在交工验收时要达到规定的指标，而且在一定使用时期内要保持应有的正常功能。

⑤ 经济性。经济性是指工程从规划、勘测、设计、施工到整个产品使用寿命周期内的成本和消耗的费用。其具体表现为设计成本、施工成本、使用成本三者之和，包括从征地、拆迁、勘察、设计、采购（材料、设备）、施工、配套设施等建设全过程的总投资和工程使用阶段的能耗、水耗、维护、保养乃至改建更新的使用维修费用。通过分析比较判断工程是否符合经济性要求。

⑥ 环保性。环保性是指工程是否满足其周围环境的生态环保，是否与所在地区经济

环境相协调，以及与周围已建工程相协调是否适应可持续发展的要求。

(三)建筑工程质量的形成过程

1.工程项目的可行性研究

工程项目的可行性研究是指在项目建议书和项目策划的基础上运用经济学原理对投资项目的有关技术、经济、社会、环境及所有方面进行调查研究，对各种可能的拟建方案和建成投产后的经济效益、社会效益和环境效益等进行技术经济分析、预测和论证，确定项目建设的可行性，并在可行的情况下通过方案比较从中选出最佳建设方案作为项目决策和设计的依据。在此过程中需要确定工程项目的质量要求并与投资目标相协调。因此，项目的可行性研究直接影响项目的决策质量和设计质量。

2.项目决策

项目决策阶段是通过项目可行性研究和项目评估，对项目的建设方案做出决策，使项目的建设充分反映业主的意愿，并与地区环境相适应，做到投资、质量、进度三者协调统一。所以，项目决策阶段对工程质量的影响主要是确定工程项目应达到的质量目标和水平。

3.工程勘察、设计

工程的地质勘察是为建设场地的选择和工程的设计与施工提供地质资料依据。工程设计是根据建设项目总体需求（包括已确定的质量目标和水平）和地质勘察报告，对工程的外形和内在的实体进行筹划、研究、构思、设计和描绘，形成设计说明书和图纸等相关文件，使得质量目标和水平具体化，为施工提供直接依据。

4.工程施工

工程施工是指按照设计图纸和相关文件的要求在建设场地上将设计意图付诸实现的测量、作业、检验，形成工程实体建成最终产品的活动。任何优秀的勘察设计成果只有通过施工才能变为现实。因此工程施工活动决定了设计意图能否体现，它直接关系到工程的安全可靠、使用功能的保证以及外表观感能否体现建筑设计的艺术水平。在一定程度上工程施工是形成实体质量的决定性环节。

5.工程竣工验收

工程竣工验收就是对项目施工阶段的质量通过检查评定、试车运行以及考核项目质量是否达到设计要求；是否符合决策阶段确定的质量目标和水平并通过验收确保工程项目的质量。所以工程竣工验收对质量的影响是保证最终产品的质量。

(四) 建筑工程质量的特点

1. 影响因素多

建筑工程质量受到多种因素的影响，如决策、设计、材料、机具设备、施工方法、施工工艺、技术措施、人员素质、工期、工程造价等，这些因素直接或间接地影响工程项目质量。

2. 质量波动大

由于建筑生产的单件性、流动性，不像一般工业产品的生产那样有固定的生产流水线、有规范化的生产工艺和完善的检测技术、有成套的生产设备和稳定的生产环境，因此工程质量容易产生波动且波动大。同时，由于影响工程质量的偶然性因素和系统性因素比较多，其中任一因素发生变动都会使工程质量产生波动，如材料规格品种使用错误、施工方法不当、操作未按规程进行、机械设备过度磨损或出现故障、设计计算失误等都会发生质量波动，产生系统因素的质量变异，造成工程质量事故。为此，要严防出现系统性因素的质量变异，要把质量波动控制在偶然性因素范围内。

3. 质量隐蔽性

建筑工程在施工过程中分项工程交接多、中间产品多、隐蔽工程多，因此质量存在隐蔽性。若在施工中不及时进行质量检查，事后只能从表面上检查，这样很难发现内在的质量问题，进而容易产生判断错误，即第二类判断错误 (将不合格品误认为合格品)。

4. 终检的局限性

工程项目建成后不可能像一般工业产品那样依靠终检来判断产品质量，或将产品拆卸、解体来检查其内在的质量，或对不合格零部件进行更换。工程项目的终检 (竣工验收) 无法进行工程内在质量的检验，发现隐蔽的质量缺陷。因此，工程项目的终检存在一定的局限性。这就要求工程质量控制应以预防为主，防患于未然。

5. 评价方法的特殊性

工程质量的检查评定及验收是按检验批、分项工程、分部工程、单位工程进行的。检验批的质量是分项工程乃至整个工程质量检验的基础，检验批合格质量主要取决于主控项目和一般项目经抽样检验的结果。隐蔽工程在隐蔽前要检查合格后进行验收，涉及结构安全的试块、试件以及有关材料，应按规定进行见证取样检测，涉及结构安全和使用功能的重要分部工程要进行抽样检测。工程质量是在施工单位按合格质量标准自行检查评定的基础上由监理工程师 (或建设单位项目负责人) 组织有关单位、人员进行检验确认验收。这种评价方法体现了"验评分离、强化验收、完善手段、过程控制"的指导思想。

二、系统工程质量管理与质量控制

(一)建筑工程质量管理

1.建设单位质量管理的责任和义务

(1)建设单位应当将工程发包给具有相应资质等级的单位。建设单位不得将建设工程肢解发包。

(2)建设单位应当依法对工程建设项目的勘察、设计、施工、监理以及与工程建设有关的重要设备、材料等的采购进行招标。

(3)建设单位必须向有关的勘察、设计、施工、工程监理等单位提供与建设工程有关的原始资料。原始资料必须真实、准确、齐全。

(4)建设工程发包单位不得迫使承包方以低于成本的价格竞标,不得任意压缩合理工期。建设单位不得明示或者暗示设计单位或者施工单位违反工程建设强制性标准,降低建设工程质量。

(5)建设单位应当将施工图设计文件报县级以上人民政府建设行政主管部门或者其他有关部门审查。施工图设计文件审查的具体办法,由国务院建设行政主管部门会同国务院其他有关部门制定。施工图设计文件未经审查批准的,不得使用。

(6)实行监理的建设工程,建设单位应当委托具有相应资质等级的工程监理单位进行监理,也可以委托具有工程监理相应资质等级并与被监理工程的施工承包单位没有隶属关系或者其他利害关系的该工程的设计单位进行监理。

(7)建设单位在领取施工许可证或者开工报告前,应当按照国家有关规定办理工程质量监督手续。

(8)按照合同约定,由建设单位采购建筑材料、建筑构配件和设备的,建设单位应当保证建筑材料、建筑构配件和设备符合设计文件和合同要求。建设单位不得明示或者暗示施工单位使用不合格的建筑材料、建筑构配件和设备。

(9)涉及建筑主体和承重结构变动的装修工程,建设单位应当在施工前委托原设计单位或者具有相应资质等级的设计单位提出设计方案;没有设计方案的,不得施工。房屋建筑使用者在装修过程中不得擅自变动房屋建筑主体和承重结构。

(10)建设单位收到建设工程竣工报告后,应当组织设计、施工、工程监理等有关单位进行竣工验收。

（11）建设单位应当严格按照国家有关档案管理的规定，及时收集、整理建设项目各环节的文件资料，建立、健全建设项目档案，并在建设工程竣工验收后及时向建设行政主管部门或者其他有关部门移交建设项目档案。

2.勘察、设计单位质量管理的责任和义务

（1）从事建设工程勘察、设计的单位应当依法取得相应等级的资质证书，并在其资质等级许可的范围内承揽工程。禁止勘察、设计单位超越其资质等级许可的范围或者以其他勘察、设计单位的名义承揽工程。禁止勘察、设计单位允许其他单位或者个人以本单位的名义承揽工程。勘察、设计单位不得转包或者违法分包所承揽的工程。

（2）勘察、设计单位必须按照工程建设强制性标准进行勘察、设计，并对其勘察、设计的质量负责。注册建筑师、注册结构工程师等注册执业人员应当在设计文件上签字，对设计文件负责。

（3）勘察单位提供的地质、测量、水文等勘察成果必须真实、准确。

（4）设计单位应当根据勘察成果文件进行建设工程设计。设计文件应当符合国家规定的设计深度要求，注明工程合理使用年限。

（5）设计单位在设计文件中选用的建筑材料、建筑构配件和设备，应当注明规格、型号、性能等技术指标，其质量要求必须符合国家规定的标准。除有特殊要求的建筑材料、专用设备、工艺生产线等外，设计单位不得指定生产厂、供应商。

（6）设计单位应当就审查合格的施工图设计文件向施工单位做出详细说明。

（7）设计单位应当参与建设工程质量事故分析，并对因设计造成的质量事故提出相应的技术处理方案。

3.施工单位质量管理的责任和义务

（1）施工单位应当依法取得相应等级的资质证书，并在其资质等级许可的范围内承揽工程。禁止施工单位超越本单位资质等级许可的业务范围或者以其他施工单位的名义承揽工程。禁止施工单位允许其他单位或者个人以本单位的名义承揽工程。施工单位不得转包或者违法分包工程。

（2）施工单位对建设工程的施工质量负责。施工单位应当建立质量责任制，确定工程项目的项目经理、技术负责人和施工管理负责人。建设工程实行总承包的，总承包单位应当对全部建设工程质量负责；建设工程勘察、设计、施工、设备采购的一项或者多项实行总承包的，总承包单位应当对其承包的建设工程或者采购的设备的质量负责。

（3）总承包单位依法将建设工程分包给其他单位的，分包单位应当按照分包合同的约定对其分包工程的质量向总承包单位负责，总承包单位与分包单位对分包工程的质量承担

连带责任。

（4）施工单位必须按照工程设计图纸和施工技术标准施工，不得擅自修改工程设计，不得偷工减料。施工单位在施工过程中发现设计文件和图纸有差错的，应当及时提出意见和建议。

（5）施工单位必须按照工程设计要求、施工技术标准和合同约定对建筑材料、建筑构配件、设备和商品混凝土进行检验，检验应当有书面记录和专人签字；未经检验或者检验不合格的，不得使用。

（6）施工单位必须建立、健全施工质量的检验制度，严格工序管理，做好隐蔽工程的质量检查和记录。隐蔽工程在隐蔽前施工单位应当通知建设单位和建设工程质量监督机构。

（7）施工人员对涉及结构安全的试块、试件以及有关材料应当在建设单位或者工程监理单位监督下现场取样，并送具有相应资质等级的质量检测单位进行检测。

（8）施工单位对施工中出现质量问题的建设工程或者竣工验收不合格的建设工程，应当负责返修。

（9）施工单位应当建立、健全教育培训制度，加强对职工的教育培训；未经教育培训或者考核不合格的人员不得上岗作业。

4.工程监理单位质量管理的责任和义务

（1）工程监理单位应当依法取得相应等级的资质证书，并在其资质等级许可的范围内承担工程监理业务；禁止工程监理单位超越本单位资质等级许可的范围或者以其他工程监理单位的名义承担工程监理业务。禁止工程监理单位允许其他单位或者个人以本单位的名义承担工程监理业务。工程监理单位不得转让工程监理业务。

（2）工程监理单位与被监理工程的施工承包单位以及建筑材料、建筑构配件和设备供应单位有隶属关系或者其他利害关系的，不得承担该项建设工程的监理业务。

（3）工程监理单位应当依照法律法规以及有关技术标准、设计文件和建设工程承包合同，代表建设单位对施工质量实施监理，并对施工质量承担监理责任。

（4）工程监理单位应当选派具备相应资格的总监理工程师和监理工程师进驻施工现场。未经监理工程师签字，建筑材料、建筑构配件和设备不得在工程上使用或者安装，施工单位不得进行下一道工序的施工。未经总监理工程师签字，建设单位不拨付工程款，不进行竣工验收。

（5）监理工程师应当按照工程监理规范的要求，采取旁站、巡视和平行检验等形式，对建设工程实施监理。

(二)建筑工程质量控制

建筑工程质量控制是建筑工程质量管理的重要组成部分，其目的是使建筑工程或其建设过程的固有特性达到规定的要求，即满足顾客、法律法规等方面所提出的质量要求（如适用性、安全性等）。

1.工程质量控制按其实施主体不同，分为自控主体和监控主体

自控主体是指直接从事质量职能的活动者；监控主体是指对他人质量能力和效果的监控者。主要包括以下四个方面：

(1)政府的工程质量控制

政府属于监控主体，它主要是以法律法规为依据，通过抓工程报建、施工图设计文件审查、施工许可、材料和设备准用、工程质量监督、重大工程竣工验收备案等主要环节进行的。

(2)工程监理单位的质量控制

工程监理单位属于监控主体，它主要是受建设单位的委托，代表建设单位对工程实施全过程进行的质量监督和控制，包括勘察设计阶段质量控制、施工阶段质量控制，以满足建设单位对工程质量的要求。

(3)勘察设计单位的质量控制

勘察设计单位属于自控主体，它是以法律法规及合同为依据，对勘察设计的整个过程进行控制，包括工作程序、工作进度、费用及成果文件所包含的功能和使用价值，以满足建设单位对勘察设计质量的要求。

(4)施工单位的质量控制

施工单位属于自控主体，它是以工程合同、设计图纸和技术规范为依据，对施工准备阶段、施工阶段、竣工验收交付阶段等施工全过程的工作质量和工程质量进行控制，以达到合同文件规定的质量要求。

2.工程质量控制按工程质量形成过程，包括全过程各阶段的质量控制

(1)决策阶段的质量控制

主要是通过项目的可行性研究，选择最佳建设方案，使项目的质量要求符合业主的意图，并与投资目标相协调，与所在地区环境相协调。

(2)工程勘察设计阶段的质量控制

主要是要选择好勘察设计单位，要保证工程设计符合决策阶段确定的质量要求，保证设计符合有关技术规范和标准的规定，要保证设计文件、图纸符合现场和施工的实际条

件，确保其深度地满足施工的需要。

（3）工程施工阶段的质量控制

一是择优选择能保证工程质量的施工单位；二是严格监督承建商按设计图纸进行施工，并形成符合合同文件规定质量要求的最终建筑产品。

三、工程质量的管理体制

（一）工程质量政府监督管理体制及管理职能

1.监督管理体制

国家实行建设工程质量监督管理制度。国务院建设行政主管部门对全国的建设工程质量实施统一监督管理。国务院铁路、交通、水利等有关部门按照国务院规定的职责分工，负责对全国的有关专业建设工程质量的监督管理。县级以上地方人民政府建设行政主管部门对本行政区域内的建设工程质量实施监督管理。县级以上地方人民政府交通、水利等有关部门在各自的职责范围内，负责对本行政区域内的专业建设工程质量的监督管理。

2.管理职能

工程质量监督机构履行的职责有以下几个方面：

（1）贯彻有关建设工程质量方面的法律法规。

（2）执行国家和省有关建设工程质量方面的规范、标准。

（3）对建设工程质量责任主体的质量行为实施监督。

（4）对下级工程质量监督机构实行层级监督和业务指导。

（5）组织建设工程质量执法检查。

（6）巡查、抽查建设工程实体质量。

（7）参与建设工程质量事故处理。

（8）调解在建建设工程和保修期内的建设工程质量纠纷，受理对建设工程质量的投诉。

（9）监督建设工程竣工验收活动，办理建设工程竣工验收备案手续。

工程质量监督机构应当自接到建设单位报送的建设工程质量监督注册合格文件之日起三个工作日内办结建设工程质量监督注册手续。未履行建设工程质量监督注册手续的，建设行政主管部门不予发放施工许可证，有关部门不得发放开工报告。

（二）建设工程质量监督注册

1.办理建设工程质量监督注册手续

建设单位在领取建设工程施工许可证或者开工报告前应当向建设工程所在地的工程质

量监督机构申请办理建设工程质量监督注册手续，并提交下列文件：

(1)建设工程施工合同。

(2)建设单位、施工单位的负责人和项目机构组成。

(3)施工现场项目负责人、技术人员的资质证书和质量检查人员的岗位证书。

(4)施工组织设计。

(5)施工图设计文件审查报告和批准书。

(6)建设工程消防设计审查合格书面证明文件。

(7)其他有关法律法规规定的文件。

2.实行建设工程监理的，还应当同时提交如下文件：

(1)建设工程监理合同。

(2)现场建设工程监理人员的注册执业证书。

(3)监理单位建设工程项目的负责人和机构组成。

(4)建设工程监理规划。

工程质量监督机构应当自接到建设单位报送的建设工程质量监督注册合格文件之日起一个工作日内办结建设工程质量监督注册手续。

(三)建设工程质量行为的监督

1.建设工程项目在建设过程中，消防、人防、环境保护、燃气、供热、给排水、电气、信息、智能、电梯等专项配套建设工程应当与建设项目主体建设工程同步设计、同步施工、同步验收。

2.建设单位要求施工单位提供建设工程质量担保的，应当同时向施工单位提供建设工程价款支付担保。

3.建设单位应当在开工前将全套施工图设计文件送交施工图审查单位，并提交下列文件：

(1)作为勘察、设计依据的政府有关部门的批准文件及附件；

(2)建设工程项目勘察成果报告；

(3)建设工程结构设计计算书和建设工程节能计算书；

(4)有关专项配套建设工程施工图设计文件及审查合格意见。按规定需要进行初步设计的建设工程项目还应当提供初步设计文件。

4.下列建设工程项目的地基基础、主体结构、重要设备安装的施工阶段，设计单位应当向施工现场派驻设计代表：

（1）国家和省重点建设工程；

（2）大型公共建筑、市政基础设施建设工程；

（3）超限高层建设工程；

（4）专业技术性较强，需要设计单位指导施工的建设工程；

（5）设计单位建议采用新技术、新结构的建设工程。施工现场设计代表的责任和酬金应当在设计合同中约定。

5.建设工程施工所使用的建筑材料、建筑构配件和设备应当符合下列要求：

（1）符合国家和省有关标准、设计要求和合同约定；

（2）有产品出厂质量证明文件和具有相应资质的检测单位出具的检测合格报告；

（3）有国家实行生产许可证管理产品的生产许可证；

（4）符合国家和省规定的其他有关产品质量要求。建筑材料和建筑装修材料还应当符合国家规定的环境保护标准。

6.施工单位因使用不合格建筑材料、建筑构配件导致建设工程质量事故，由其承担质量责任。但因建设单位、监理单位明示或者暗示施工单位使用不符合国家标准和设计文件要求的建筑材料、建筑构配件和设备，导致建设工程出现质量隐患或者事故的，建设单位应当承担相应的质量责任。

7.监理建设工程师应当严格按照建设工程监理规范履行职责。地基基础、主体结构的关键部位和关键工序的施工阶段应当实行全过程无间断旁站监理，并留存影像资料。

8.监理单位应当在分部工程、单位工程完工后五个工作日内出具真实、完整的建设工程质量评估报告和其他监理文件。进入施工现场的建筑材料、建筑构配件和设备，未经监理人员签字同意的不得使用。监理单位对违反建设工程建设技术标准、质量标准的行为以及发现建设工程质量事故隐患，应当立即通知责任单位采取措施予以处理，并同时通报建设单位。责任单位对建设工程质量事故隐患拒不处理的，监理单位应当报告工程质量监督机构。

9.建设工程质量检测单位应当依据国家和省有关标准、规定进行检测，所出具的检测数据和结论应当真实、准确。建设工程质量检测单位对经检测不合格的检测项目应当立即通知委托检测的单位，同时报告建设工程所在地的工程质量监督机构。

10.施工图审查单位对违反国家强制性规范和强制性标准的施工图设计文件应当提出明确的修改意见。对所报送的施工图设计审查文件不符合规定的，施工图审查单位不得审查。任何单位和个人不得擅自修改审查合格的施工图。确需修改审查部分的，建设单位应当将修改后的施工图送原审查单位审查。

(四)建设工程竣工验收监督

1.施工单位通过自检认定建设工程项目达到竣工条件的,应当向建设单位提交建设工程竣工报告,同时送交建设工程质量控制资料和建设工程技术资料。实行监理的工程,工程竣工报告须经总监理工程师签署意见。

2.建设单位组织竣工验收前应当向城市规划、公安消防、环境保护、人民防空等主管部门提出建设工程的竣工认可申请,城市规划、公安消防、环境保护、人民防空等主管部门应当在法定期限内出具是否认可或者准许使用的文件。

3.建设单位应当按照规划设计对住宅小区附属设施组织竣工验收。验收时应当邀请业主代表参加,并由业主代表签署验收意见。

4.建设单位应当在接到施工单位所提交的建设工程竣工报告之日起十个工作日内组织有关单位进行建设工程竣工验收。建设工程竣工验收开始前,建设单位应当书面报告工程质量监督机构。工程质量监督机构应当对建设工程竣工验收程序进行监督。建设工程竣工验收没有书面报告工程质量监督机构的,工程质量监督机构不予办理建设工程竣工验收备案手续。

5.建设工程竣工经验收合格后,建设单位应当自工程竣工验收合格之日起十五日内到建设工程所在地的工程质量监督机构办理备案手续。建设单位申请办理备案手续时应当同时提交下列文件:

(1)建设工程竣工验收报告;

(2)有关行政主管部门对专项建设工程的认可和准许使用文件;

(3)参与验收的业主代表签署的认可意见;

(4)监理单位出具的建设工程质量评估报告;

(5)建设工程质量保修书;

(6)设计单位和施工图审查单位出具的认可文件。

第二节 建筑工程施工质量控制

一、建筑工程施工阶段的质量控制

(一)施工准备的质量控制

施工前的准备阶段进行的质量控制是指在各工程对象正式施工活动开始前对各项准备

工作及影响质量的各因素和有关方面进行的质量控制。

1.实行目标管理，完善质量保证体系

各级工程单位及监理单位要把质量控制及管理工作列为重要的工作内容，要树立"百年大计，质量第一"的思想，组织贯彻保证工程质量的各项管理制度，运用全面质量管理的科学管理方法，根据本企业的自身情况和工程特点，确定质量工作目标，建立完善的工程项目管理机构和严密的质量保证体系以及质量责任制。实行质量控制的目标管理，抓住目标制订、目标开展、目标实现和目标控制等环节，以各自的工作质量来保证整体工程质量，从而达到工程质量管理的目标。

2.进行图纸会审、技术交底工作

施工图和设计文件是组织施工的技术依据。施工技术负责人及监理人员必须认真熟悉图纸，进行图纸会审工作，不仅可以帮助设计单位减少图纸差错而且还可以了解工程特点和设计意图以及关键部位的质量要求。同时做好技术交底工作，使每个施工人员清楚了解施工任务的特点、技术要求和质量标准，以保证和提高工程质量。

3.制订保证工程质量的技术措施

建筑工程产品的质量好坏取决于是否采取了科学的技术手段和管理方法，没有好的质量保证措施不可能有优质的产品。施工单位应根据建设和设计单位提供的设计图纸和有关技术资料，对整个施工项目进行具体的分析研究，结合施工条件、质量目标和攻关内容，编制出施工组织设计（或施工方案），制订出具体的质量保证计划和攻关措施，明确实施内容、方法和效果。

4.制订确保工程质量的技术标准

由于施工过程的操作规程等工艺标准不属于强制性标准，但是严格按操作规程进行施工是保证工程质量的重要环节，而目前一些施工企业，尤其是中小型施工企业却没有制订有关操作规程等工艺标准。因此，施工企业必须根据自身的实际情况编制企业技术标准或将一些地方施工操作规程、协会标准、施工指南、手册等技术转化为本企业的标准，以确保工程质量。

(二)施工过程的质量控制

施工过程中进行的所有与施工过程有关方面的质量控制，也包括对施工过程中的中间产品（工序产品或分部、分项工程产品）的质量控制。

1.优选工程管理人员和施工人员，增强质量意识和素质

工程管理人员和施工人员是建筑工程产品的直接制造者，其素质高低和质量意识强弱

将直接影响工程质量的优劣，所以他们是形成工程质量的主要因素。因此要控制施工质量就必须优选施工人员和工程管理人员。通过加强员工的政治思想和业务技术培训，提高他们的技术素质和质量意识，树立质量第一、预控为主的观念，使得管理技术人员具有较强的质量规划、目标管理、施工组织、技术指导和质量检查的能力；施工人员要具有精湛的操作技能，一丝不苟的工作作风，严格执行质量标准、技术规范和质量验收规范的法治观念。施工单位应推行生产控制和合格控制的全过程质量控制，应有健全的生产控制和合格控制的质量管理体系。这不仅包括原材料控制、工艺流程控制、施工操作控制、每道工序质量检查、各道相关工序间的交接检验以及专业工种之间等中间交接环节的质量管理和控制要求，还应包括满足施工图设计和功能要求的抽样检验制度等。施工单位还应通过内部的审核与管理者的评审，找出质量管理体系中存在的问题和薄弱环节，并制订改进的措施和跟踪检查落实等措施，使单位的质量管理体系不断健全和完善，是该施工单位不断提高建筑工程施工质量的保证。

施工单位应重视综合质量控制水平，应从施工技术、管理制度、工程质量控制和工程质量等方面制订对施工企业综合质量控制水平的指标，以达到提高整体素质和经济效益的目的。

2.严格控制建材及设备的质量，做好材料检验工作

建材及设备质量是工程质量的基础，一旦质量不符合要求或选择使用不当均会影响工程质量或造成事故。建材及设备应通过正当的渠道进行采购，应选择国家认可、有一定技术和资金保证的供应商，实行货比三家。选购有产品合格证、有社会信誉的产品，既可以控制材料的质量，又可以降低材料的成本。针对目前建材市场产品质量混杂的情况，对建筑材料、构配件和设备要实行施工全过程的质量监控，杜绝假冒伪劣产品用于建筑工程上。对于进场的材料应按有关规定做好检测工作，严格执行建材检测的见证取样送检制度。

3.执行和完善隐蔽工程和分项工程的检查验收制度

为了保证工程质量，必须在施工过程中认真做好分项工程的检查验收。坚持以预控为主的方针，贯彻专职检查和施工人员检查相结合的方法。组织班组进行自检、互检、交接检活动，大力加强施工过程的检查力度。在施工过程中上一道工序的工作成果被下一道工序所掩盖的隐蔽工程，在下一道工序施工前应由建设（监理）、施工等单位和有关部门进行隐蔽工程检查验收，并及时办理验收签证手续。在检查过程中发现有违反国家有关标准规范，尤其是强制性标准条文的要求施工的，应进行整改处理，待复检合格后才允许继续施工，力求把质量隐患消灭在施工过程中。

4.依靠科技进步，推行全面质量管理，提高质量控制水平

工程建设必须依靠技术进步和科学技术成果应用来提高工程质量和经济效益。在施工过程中要积极推广新技术、新材料、新产品和新工艺，依靠科技进步，预防与消除质量隐患，解决工程质量"通病"；掌握国内外工程建设方面的科学技术发展动态，充分了解工程技术推广应用或淘汰的技术、工艺、设备的状况。建立严格的考核制度，推行全面质量管理，不断改进和提高施工技术和工艺水平；加强工程建设队伍的教育和培训，不断提高职工队伍的技术素质和职业道德水平，逐步推行技术操作持证上岗制度。工程施工各方面应以质量控制为中心进行全方位管理，从各个侧面发挥对工程质量的保证作用，从而使工程质量控制目标得以实现。

(三)竣工验收的质量控制

竣工验收的质量控制是指对于通过施工过程所完成的具有独立的功能和使用价值的最终产品（单位工程或整个工程项目）及有关方面（例如质量文档）的质量进行控制。即一个建筑工程产品建成后，要进行全面的质量验收及评价，对质量隐患及时进行处理，并及时总结经验、吸取教训，不断提高企业的质量控制及管理能力。

二、建筑工程施工质量的控制依据

(一)工程合同文件

工程施工承包合同文件和委托监理合同文件中分别规定了参与建设各方在质量控制方面的权利和义务，有关各方必须履行在合同中的承诺。

(二)设计文件

"按图施工"是施工阶段质量控制的一项重要原则。因此，经过批准的设计图纸和技术说明书等设计文件就是质量控制的重要依据。所以在施工准备阶段，要进行"三方"（监理单位、设计单位和承包单位）的图纸会审，以达到了解设计意图和质量要求，发现图纸差错和减少质量隐患的目的。

(三)有关质量检验与控制的专门技术法规性文件

此类文件一般是针对不同行业、不同的质量对象而制订的技术法规性文件，包括各种有关的标准、规范、规程和规定。

技术标准有国家标准、行业标准、地方标准和企业标准等。它们是建立和维护正常的生产和工作秩序应遵循的准则，也是衡量质量好坏的尺度。因此，负责进行质量控制的各方面技术与管理人员一定要熟练掌握这些法规性文件。

三、建筑工程施工质量控制与管理的工作程序

建筑工程施工质量控制与管理是复杂的系统工程，现代管理的理念是以项目为中心进行动态控制。即以项目为中心成立项目部，以项目经理为管理主体，以技术负责人为技术权威的项目组织管理模式，进行有效的动态控制，以实现项目的质量、进度、工期、安全等主要控制目标为目的进行良性的 PDCA 循环，达到提高工程施工质量的目的。

(一)施工质量保证体系的建立和运行

施工质量保证体系是指现场施工管理组织的施工质量自控体系或管理系统，即施工单位为实施承建工程的施工质量管理和目标控制，以现场施工管理组织架构为基础，通过质量管理目标的确定和分解，所需人员和资源的配置以及施工质量相关制度的建立和运行，形成具有质量控制和质量保证能力的工作系统。

施工质量保证体系的建立是以现场施工管理组织机构为主体，根据施工单位质量管理体系和业主方或总包方的总体系统的有关规定和要求而建立的。

1.施工质量保证体系的主要内容

(1)目标体系。

(2)业务职能分工。

(3)基本制度和主要工作流程。

(4)现场施工质量计划或施工组织设计文件。

(5)现场施工质量控制点及其控制措施。

(6)内外沟通协调关系网络及其运行措施。

2.施工质量保证体系的特点

施工质量保证体系的特点包括系统性、互动性、双重性、一次性。

3.施工质量保证体系的运行

(1)施工质量保证体系的运行，应以质量计划为龙头，过程管理为中心，按照 PDCA 循环的原理进行。

(2)施工质量保证体系的运行，按照事前、事中和事后控制相结合的模式展开。

① 事前控制预先进行周密的质量控制计划；② 事中控制主要是通过技术作业活动和

管理活动行为的自我约束和他人监控，达到施工质量控制目的；③ 事后控制包括对质量活动结果的评价认定和对质量偏差的纠正。

以上三大环节不是孤立和分开的，是 PDCA 循环的具体化，在循环中不断提高。

(二) 掌握施工质量的预控方法

施工质量预控是施工全过程质量控制的首要环节，包括确定施工质量目标、编制施工质量计划、落实各项施工准备工作以及对各项施工生产要素的质量进行预控。

1.施工质量计划预控

施工质量计划是施工质量控制的手段或工具。施工质量的计划预控是以"预防为主"作为指导思想，确定合理的施工程序、施工工艺和技术方法，以及制订与此相关的技术、组织、经济与管理措施，用以指导施工过程的质量管理和控制活动。一是为现场施工管理组织的全面全过程施工质量控制提供依据；二是成为发包方实施质量监督的依据。施工质量计划预控的重要性在于它明确了具体的质量目标，制订了行动方案和管理措施。

2.施工准备状态预控

(1)工程开工前的全面施工准备。

(2)各分部分项工程开工前的施工准备。

(3)冬季、雨季等季节性施工准备。

施工准备状态是施工组织设计或质量计划的各项安排和决定的内容，在施工准备过程或施工开始前具体落实到位的情况。

3.全面施工准备阶段，工程开工前各项准备

(1)完成图纸会审和设计交底。

(2)就施工组织设计或质量计划向现场管理人员和作业人员传达或说明。

(3)先期进场的施工材料物资、施工机械设备是否满足要求。

(4)是否按施工平面图进行布置并满足安全生产规定。

(5)施工分包企业及其进场作业人员的资源资质资格审查。

(6)施工技术、质量、安全等专业专职管理人员到位情况，责任、权力明确。

(7)施工所必需的文件资料、技术标准、规范等各类管理工具。

(8)工程计量及测量器具、仪表等的配置数量、质量。

(9)工程定位轴线、标高引测基准是否明确，实测结果是否已经复核。

(10)施工组织计划或质量计划，是否已经报送业主或其监理机构核准。

4.分部分项工程施工作业准备

（1）相关施工内容的技术交底是否明确、到位和理解。

（2）所使用的原材料、构配件等是否进行质量验收和记录。

（3）规定必须持证上岗的作业人员是否经过资格核查或培训。

（4）前道工序是否已按规定进行施工质量交接检查或隐蔽工程验收。

（5）施工作业环境，如通风、照明、防护设施等是否符合要求。

（6）施工作业所必需的图纸、资料、规范、标准或作业指示书、要领书、材料使用说明书等。

（7）工种间的交叉、衔接、协同配合关系是否已经协调明确。

（三）施工过程的质量验收

1.施工质量验收的依据

工程施工承包合同、工程施工图纸、工程施工质量统一验收标准、专业工程施工质量验收规范、建设法律法规、管理标准和技术标准。

2.施工过程的质量验收分析

（1）施工过程的质量验收包括检验批质量验收、分项工程质量验收、分部工程质量验收。

（2）检验批质量验收：检验批是按同一生产条件或按规定的方式汇总起来供检验用的，由一定数量样本组成的检验体；可按楼层、施工段、变形缝等进行划分。

① 检验批的验收应由监理工程师（建设单位项目技术负责人）组织施工单位项目专业质量（技术）负责人等进行验收；② 检验批合格质量应符合下列规定：主控项目和一般项目的质量经抽样检验合格；具有完整的施工操作依据、质量检验记录。主控项目合格率100%。

3.分项工程质量验收

（1）分项工程应按主要工种、材料、施工工艺、设备类别等进行划分。

（2）分项工程应由监理工程师（建设单位项目技术负责人）组织施工单位项目专业质量技术负责人进行验收。

（3）分项工程质量合格标准：分项工程所包含的检验批均应符合合格质量的规定；分项工程所含的检验批的质量验收记录应完整。

4.分部工程质量验收

（1）分部工程划分应按专业性质、建筑部位确定。

（2）分部工程应由总监理工程师（建设单位项目负责人）组织施工单位项目负责人和技术、质量负责人等进行验收；地基与基础、主体结构分部工程的勘察、设计单位工程项目负责人和施工单位技术、质量负责人也应参加相关分部工程验收。

（3）分部工程质量合格标准：所含分项工程的质量均应验收合格；质量控制资料应完整；地基与基础、主体结构和设备安装等与分部工程有关安全及功能的检验和抽样结果应符合有关规定；感观质量验收应符合有关要求。

5.施工过程质量验收中，工程质量不合格时的处理方法

（1）经返工重做或更换器具、设备的检验批，应该重新验收。

（2）经有资质的检测单位检测鉴定能达到设计要求的检验批，应予以验收。

（3）达不到设计要求，但经原设计单位核算认可能够满足结构安全和使用功能的检验批，可予以验收。

（4）经返修或加固处理的分项、分部工程，虽然改变了外形尺寸，但仍能满足安全使用要求，可按技术处理方案和协商文件进行验收。

（5）通过返修或加固处理后仍不能满足使用要求的分部工程、单位工程，严禁验收。

第三节　施工质量控制的内容、方法和手段

工程施工质量控制主要有人的因素控制、材料的质量控制、机械设备控制、施工方法的控制、工序质量控制、质量控制点设置；施工项目质量控制的内容、方法和手段主要是审核有关技术文件、报告和直接进行现场检查或进行必要的试验等。

一、人的因素控制

人员的素质将直接或间接地对规划、决策、勘察、设计和施工的质量产生影响。而在工程施工阶段的质量控制中，对人的因素控制尤为重要。建筑行业实行经营资质管理和各类专业从业人员持证上岗制度，是保证人员素质的重要管理措施。因此开工前一定要加强人员资质的审查工作，明确必须持证上岗。工程建设一般要求领导者应具备较强的组织管理能力、一定的文化素质、丰富的实践经验。项目经理应从事工程建设工作多年，有一定的经验且具备相应工程要求的项目经理证书。各专业技术工种应具有本专业的资质证书，有较丰富的专业知识和熟练的操作技能。监理工程师应具备工程监理工程师执业资格。同时要加强对技术骨干及一线工人的技术培训。

二、材料质量控制

对于工程中使用的材料、构配件，承包人应按有关规定和施工合同约定进行检验，并应查验材质证明和产品合格证。材料、构配件未经检验不得使用；经检验不合格的材料、构配件和工程设备，承包人应及时运离工地或做出相应处理。要明确质量标准，合格的材料是保证工程质量的基础，对于施工中采用的原材料与半成品，必须明确其质量标准及检测要求。国家及部颁标准对中小型工程全部适用，在质量控制过程中不能降低要求与标准。

三、机械设备的控制

设备的选择应本着因地制宜、因工程而宜的原则，按照技术先进、经济合理、性能可靠、使用安全、操作方便、维修方便的原则，使其具有工程的适应性。建筑工程的机械设备要考虑现实情况，切合实际地配置机械设备。旧施工设备进入工地前承包人应提供该设备的使用和检修记录以及具有设备鉴定资格的机构出具的检修合格证。经监理单位认可，方可进场。机械设备的使用操作应贯彻"人机固定"原则，实行定机定人定岗定位责任制的制度。

四、施工方法的控制

施工方法是指施工方案、施工工艺和操作方法。在工程施工中，施工方案是否合理，施工工艺是否先进，施工操作是否正确，都将对工程质量产生重大影响。大力推进采用新技术、新工艺、新方法，不断提高工艺技术水平，是保证工程质量稳定提高的重要因素。但是对采用的新技术、新工艺、新方法，一定要有可靠的实践验证，应该是经过认证部门认证批准的才能使用。

五、施工阶段环境因素控制

环境因素控制包括工程技术环境控制，工程地质的处理是建筑工程施工的质量控制要点，不同的地质状况会对工程的施工方案及质量的保证造成不同程度影响。如气候的突变可能会对工程的施工进度计划造成影响，有的甚至会严重威胁到工程质量；工程作业环境控制，如施工环境作业面大小、防护设施、通风照明和通信条件控制等；工程管理环境控制主要指工程实施的合同结构与管理关系的确定，组织体制及管理制度控制等；周边环境控制，如工程邻近的地下管线、建（构）筑物掌握情况等。环境条件往往对工程质量产生特定的影响。加强环境因素控制，改进作业条件，把握好技术环境，辅以必要的措施，是

控制环境对质量影响的重要保证。环境因素对工程质量产生的影响要予以充分重视，根据工程特点及具体情况灵活机动地进行动态控制，把影响减少到最低程度。

六、工序质量控制

工序质量即工序活动条件的质量和工序活动效果的质量。工序质量的控制就是对工序活动条件的质量控制和工序活动效果的控制，从而可以对整个施工过程的质量进行控制。工序质量控制是施工技术质量职能的重要内容，也是事中控制的重点。因此，控制要点如下：

工序质量控制目标及计划。确立每道工序合格的标准，严格遵守国家相关法律法规。执行每道工序验收检查制度，上道工序不合格不得进入下道工序的施工，对不合格工序坚决返工处理。

关键工序控制。关键工序是指在工序控制中起主导地位的工序或根据历史经验资料认为经常发生质量问题的工序。

七、质量控制点设置

（一）设置质量控制点的方法

1.按施工组织设计等有关文件确定有前后衔接或并行的工序。

2.从以往各类型工程质量控制点设置经验库中调用同类工程质量控制点设置的资料作为基础模板，以质量通病知识库、质量事故分析知识库、项目特定要求列表（在项目的建设中业主通常会有特定的质量要求，比如装饰抹灰的立面垂直度和表面平整度等，业主特定的质量要求因项目的不同而异。同时在新项目启动前把新项目所涉及的新工艺、新技术、新材料应用也罗列到项目特定要求列表中）为支持，按所设计的质量控制点判断选择规则，在所选模板的基础上增加或删除控制点，完成新项目质量控制点的初步设置，再用国家规范、技术要求、质量标准来检验设置结果是否达到要求。

3.借鉴以往工程质量控制点的管理和执行办法或者重新制订措施对项目的质量控制点进行监督管理。

4.对质量控制点的执行情况进行评价和总结，并结合以往各类型工程质量控制点设置经验库，实现控制点设置经验库的更新和升级。

（二）设置质量控制点的原则

1.施工过程中的关键工序或环节以及隐蔽工程，例如预应力结构的张拉工序，钢筋混凝土结构的钢筋架立。

2.施工中的薄弱环节或质量不稳定的工序、部位或对象，例如地下防水层的施工。

3.对后续工程施工或对后续工序质量及安全有重大影响的工序、部位或对象，例如预应力结构中的钢筋质量、模板的支撑与固定。

4.采用新技术、新工艺、新材料的部位或环节。

5.施工上无足够把握的、施工条件困难的或技术难度大的工序或环节，例如复杂曲线模板的放样等。

是否设置为质量控制点主要是视其对质量特性影响的大小、危害程度以及其质量保证的难度大小而定。

(三) 质量控制点中重点控制对象

1.人的行为

对某些作业或操作，应以人作为重点进行控制，如高空、高潮、水下、危险作业等，对人的身体素质或心理应有相应的要求；技术难度大或精度要求高的作业，如复杂模板放样、精密、复杂的设备安装以及重型构件吊装等对人的技术水平均有相应的较高要求。

2.物的质量和性能

施工设备和材料是直接影响工程质量和安全的主要因素，对某些工程尤为重要，常作为质量控制的重点。

3.关键的操作

如预应力钢筋的张拉工艺操作过程及张拉力的控制，是可靠地建立预应力值和保证预应力构件质量的关键过程。

4.施工技术参数

例如对填方路堤进行压实时，对填土含水量等参数的控制是保证填方质量的关键；对于岩基水泥灌浆，灌浆压力、吃浆率和冬季施工混凝土受冻临界强度等技术参数都是质量控制的关键。

5.施工顺序

有些作业必须严格遵循作业之间的顺序，例如：冷拉钢筋应当先对焊、后冷拉，否则会失去冷强特性；屋架固定一般应采取对角同时施焊的方式，以免焊接应力使校正的屋架发生应变等。

6.技术间歇

有些作业需要有必要的技术间歇时间，例如：砖墙砌筑后与抹灰工序之间以及抹灰与

粉刷或喷吐之间均应保证有足够的间歇时间；混凝土浇筑后至拆模之间也应保持一定的间歇时间。

7.新工艺、新技术、新材料的应用

由于缺乏经验，施工时可作为重点进行严格控制。

8.产品质量不稳定、不合格率较高及易发生质量通病的工序

对产品质量不稳定、不合格率较高及易发生质量通病的工序应列为重点，仔细分析、严格控制，如防水层的铺设、供水管道接头的渗漏等。

9.易对工程质量产生重大影响的施工方法

例如：液压滑模施工中的支承杆失稳问题、升板法施工中提升差的控制等，一旦施工不当或控制不严，即可能引起重大质量事故问题，应作为质量控制的重点。

10.特殊地基或特种结构

如大孔性、湿陷性黄土、膨胀土等特殊土地基的处理、大跨度和超高结构等难度大的施工环节和重要部位等都应给予特别重视。

八、施工项目质量控制的内容、方法和手段

(一) 审核有关技术文件、报告或报表

对技术文件、报告或报表的审核是监理工程师、工程技术与管理人员对工程质量进行全面质量控制的重要手段，其具体内容如下：

1.审核各有关承包单位的资质

(1)施工承包单位资质的分类

国务院建设行政主管部门为了维护建筑市场的正常秩序，加强管理，保障施工承包单位的合法权益及保证工程质量，制订了建筑企业资质等级标准。承包单位必须在规定的范围内进行经营活动且不得超范围经营。建设行政主管部门对承包单位的资质实行动态管理，建立了相应的考核、资质升降及审查规定。

承包单位按其承包工程的能力划分为施工总承包、专业承包和劳务分包三个序列。这三个序列按照工程性质和技术特点分别划分为若干资质类别，各资质类别按照规定的条件划分为若干等级。

① 施工总承包企业。获得施工总承包资质的企业可以对工程实行施工总承包或者对主体工程实行施工承包，施工总承包企业可以将承包的工程全部自行施工，也可将非主体

工程或者劳务作业分包给具有相应专业承包资质或者劳务分包资质的其他建筑企业。施工总承包企业的资质按专业类别共分为 12 个资质类别，每个资质类别又分成特级、一级、二级、三级。② 专业承包企业。获得专业承包资质的企业可以承接施工总承包企业分包的专业工程或者建设单位按规定发包的专业工程。专业承包企业可以对所承接的工程全部自行施工，也可将劳务作业分包给具有相应劳务分包资质的其他劳务分包企业。专业承包企业资质按专业类别共分为 60 个资质类别，每个资质类别又分成一级、二级、三级。③ 劳务分包企业。获得劳务分包资质的企业可以承接施工总承包企业或者专业承包企业分包的劳务作业。劳务分包企业有 13 个资质类别，如木工作业、砌筑作业、钢筋作业、架线作业等。有些资质类别分成若干等级，有的则不分，如木工、砌筑、钢筋作业劳务分包企业资质分为一级、二级。油漆、架线等作业劳务分包企业则不分等级。

（2）监理工程师对施工承包单位资质的审核

① 招投标阶段对施工承包单位资质的审查。一是根据工程类型、规模和特点确定参与投标企业的资质等级并得到招标管理部门的认可；二是对参与投标承包企业查对《营业执照》、《建筑业企业资质证书》，同时了解其实际的建设业绩、人员素质、管理水平、资金情况、技术设备等；考核承包企业的近期表现、年检情况、资质升降级情况、了解其是否有质量、安全、管理问题，企业管理的发展趋势；② 对中标进场的施工承包单位的质量管理体系的核查。质量管理健全的承包单位对取得优质工程将起决定性作用。因此，监理工程师做好承包单位的质量管理体系的核查是非常重要的。

2.审核施工方案、施工组织设计和技术措施（质量计划）

监理工程师要重点审核施工方案是否合理、施工组织设计是否周全、技术措施（质量计划）是否完善，合理的施工方案、周全的施工组织设计、完善的技术措施（质量计划）是提高工程质量的有力保障。

3.其他

（1）审核有关材料、半成品的质量检验报告。

（2）审核反映工序质量动态的统计资料或控制图表。

（3）审核设计变更、修改图纸和技术核定书。

（4）审核有关质量问题的处理报告。

（5）审核有关应用新工艺、新材料、新技术、新结构的技术鉴定书。

（6）审核有关工序交接检查，分项、分部工程质量检查报告。

（7）审核并签署现场有关技术签证、文件等。

(二)现场质量检查

1.开工前检查

开工前检查的目的是检查是否具备开工条件，开工后能否连续正常施工，能否保证工程质量。

2.工序交接检查

对于重要的工序或对工程质量有重大影响的工序，在自检、互检的基础上还要组织专职人员进行工序交接检查。

3.隐蔽工程检查

隐蔽工程需经检查合格后办理隐蔽工程验收手续，如果隐蔽工程未达到验收条件，施工单位应采取措施进行返工，合格后通知现场监理、甲方检查验收，未经检查验收的隐蔽工程一律不得自行隐蔽。

4.停工后复工前的检查

因处理质量问题或某种原因停工后应经检查认可后，方能复工。

5.分项、分部工程的检查

分项、分部工程完工后，应经现场监理、甲方检查验收并签署验收记录后才能进行下一工程项目的施工。

6.成品保护检查

工程施工中应及时检查成品有无保护措施或保护措施是否可靠。

工程施工质量管理人员（质检员）必须经常深入现场，对施工操作质量进行巡视检查，必要时还应进行跟班或跟踪检查。只有这样才能发现问题并及时解决。

(三)施工现场质量检查的方法

工程施工质量检查的方法有目测法、实测法和试验法三种。

1.目测法

其可归纳为"看、摸、敲、照"四个字。

（1）看

看就是根据质量标准进行外观目测。如清水墙面是否洁净，弹涂是否均匀，内墙抹灰大面及口角是否平直，混凝土拆模后是否有蜂窝、麻面、漏筋，施工工序是否合理，工人操作是否正确等，均是通过目测检查评价的。

（2）摸

摸就是手感检查，主要用于装饰工程的某些项目，如大白是否掉粉，地面有无起砂等，均可通过手摸加以鉴别。

（3）敲

敲是运用工具进行音感检查。地面工程、装饰工程中的水磨石、面砖和大理石贴面等，均是应用敲击来进行检查的，通过声音的虚实确定有无空鼓，还可以根据声音的清脆和沉闷判断面层空鼓还是底层空鼓。

（4）照

照是难以看到或光线较暗的部位，可采用镜子反射或灯光照射的方法进行检查。

2.实测法

实测法就是通过实测数据与施工规范及质量标准所规定的允许偏差对照来判别质量是否合格。实测检查法也可归纳为四个字：即靠、吊、量、套。

（1）靠

用直尺、塞尺检查墙面、地面、屋面的平整度。

（2）吊

用托线板以线锤吊线检查垂直度。

（3）量

用测量工具和计量仪表等检查断面尺寸、轴线、标高等的偏差。

（4）套

以方尺套方，辅以塞尺检查。如常用的对门窗口及构配件的对角线检查，也是套方的特殊手段。

3.试验法

试验法是指必须通过试验才能对质量进行判断的检查方法。如对桩或地基的静载试验，确定其承载力；对混凝土、砂浆试块的抗压强度等试验，确定其强度是否满足设计要求。

上述工程施工质量控制的内容、方法是工程监理、工程技术与管理人员多年工作实践的结晶。

第五章 建筑工程项目资源管理

第一节 项目人力资源管理

建筑工程项目资源管理的最根本意义是通过市场调研对资源进行合理配置并在项目管理过程中加强管理，力求以较小的投入取得较好的经济效益。具体体现在以下几点：

一是进行资源优化配置，即适时、适量、比例适当、位置适宜地配备或投入资源，以满足工程需要。

二是进行资源的优化组合，使投入工程项目的各种资源搭配适当，在项目中发挥协调作用，有效地形成生产力，适时、合格地生产出产品（工程）。

三是进行资源的动态管理，即按照项目的内在规律，有效地计划、组织、协调、控制各资源，使之在项目中合理流动，在动态中寻求平衡。动态管理的目的和前提是优化配置与组合，动态管理是优化配置和组合的手段与保证。

在建筑工程项目运行中，合理、节约地使用资源，以降低工程项目成本。

一、人力资源优化配置

人力资源优化配置的目的是保证施工项目进度计划的实现，提高劳动力使用效率，降低工程成本。项目经理部应根据项目进度计划和作业特点优化配置人力资源，制定人力需求计划，报企业人力资源管理部门批准。企业人力资源管理部门与劳务分包公司签订劳务分包合同。远离企业本部的项目经理部可在企业法定代表人授权下与劳务分包公司签订劳务分包合同。

（一）人力资源配置的要求

1.数量合适

根据工程量的多少和合理的劳动定额，结合施工工艺和工作面的情况确定劳动者的数量，使劳动者在工作时间内满负荷工作。

2.结构合理

劳动力在组织中的知识结构、技能结构、年龄结构、体能结构、工种结构等方面应与所承担的生产任务相适应，满足施工和管理的需要。

3.素质匹配

素质匹配是指劳动者的素质结构与物质形态的技术结构相匹配；劳动者的技能素质与所操作的设备、工艺技术的要求相适应；劳动者的文化程度、业务知识、劳动技能、熟练程度和身体素质等与所担负的生产和管理工作相适应。

(二) 人力资源配置的方法

人力资源的高效率使用关键在于制定合理的人力资源使用计划。企业管理部门应审核项目经理部的进度计划和人力资源需求计划并做好下列工作：

1.在人力资源需求计划的基础上编制工种需求计划，防止漏配。必要时根据实际情况对人力资源计划进行调整。

2.人力资源配置应贯彻节约原则，尽量使用自有资源；若现在劳动力不能满足要求，项目经理部应向企业申请加配或在企业授权范围内进行招聘或把任务转包出去；如现有人员或新招收人员在专业技术或素质上不能满足要求，应提前进行培训，再上岗作业。

3.人力资源配置应有弹性，让班组有超额完成指标的可能，激发工人的劳动积极性。

4.尽量使项目使用的人力在组织上保持稳定，防止频繁变动。

5.为保证作业需要，工种组合、能力搭配应适当。

6.应使人力资源均衡配置以便于管理，达到节约的目的。

(三) 劳动力的组织形式

企业内部的劳务承包队是按作业分工组成的，根据签订的劳务合同可以承包项目经理部所辖的一部分或全部工程的劳务作业任务。其职责是接受企业管理层的派遣，承包工程，进行内部核算，并负责职工培训，思想工作，生活服务，支付工人劳动报酬等。

项目经理部根据人力需求计划、劳务合同的要求，接收劳务分包公司提供的作业人员，根据工程需要，保持原建制不变或重新组合。组合的形式有以下三种：

1.专业班组

即按施工工艺由同一工种（专业）的工人组成的班组。专业班组只完成其专业范围内的施工作业。这种组织形式有利于提高专业施工水平，提高劳动熟练程度和劳动效率，但各工种之间协作配合难度较大。

2.混合班组

即按产品专业化的要求由相互联系的多工种工人组成的综合性班组。工人在一个集体中可以打破工种界限，混合作业，有利于协作配合，但不利于专业技能及操作水平的提高。

3.大包队

大包队实际上是扩大了的专业班组或混合班组，适用于一个单位工程或分部工程的综合作业承包，队内还可以划分专业班组。优点是可以进行综合承包，独立施工能力强，有利于协作配合，简化了项目经理部的管理工作。

二、劳务分包合同

项目所使用的人力资源无论是来自企业内部还是企业外部，均应通过劳务分包合同进行管理。劳务分包合同是委托和承接劳动任务的法律依据，是签约双方履行义务、享受权利及解决争议的依据，也是工程顺利实施的保障。劳务分包合同的内容应包括工程名称，工作内容及范围，提供劳务人员的数量，合同工期，合同价款及确定原则，合同价款的结算和支付，安全施工，重大伤亡及其他安全事故处理，工程质量、验收与保修，工期延误，文明施工，材料机具供应，文物保护，发包人、承包人的权利和义务，违约责任等。

劳务合同通常有两种形式：一是按施工预算中的清工承包；一是按施工预算或投标价承包。一般根据工程任务的特点与性质来选择合同形式。

三、人力资源动态管理

人力资源的动态管理是指根据项目生产任务和施工条件的变化对人力需求和使用进行跟踪平衡、协调，以解决劳务失衡、劳务与生产脱节的动态过程。其目的是实现人力动态的优化组合。

(一)人力资源动态管理的原则

1.以建筑工程项目的进度计划和劳务合同为依据。

2.始终以劳动力市场为依托，允许人力在市场内充分合理地流动。

3.以企业内部劳务的动态平衡和日常调度为手段。

4.以达到人力资源的优化组合和充分调动作业人员的积极性为目的。

(二)项目经理部在人力资源动态管理中的责任

为了提高劳动生产率，充分有效地发挥和利用人力资源，项目经理部应做好以下工作：

1.项目经理部应根据工程项目人力需求计划向企业劳务管理部门申请派遣劳务人员，并签订劳务合同。

2.为了保证作业班组有计划地进行作业，项目经理部应按规定及时向班组下达施工任务单或承包任务书。

3.在项目施工过程中不断进行劳动力平衡、调整，解决施工要求与劳动力数量、工种、技术能力、相互配合间存在的矛盾。项目经理部可根据需要及时进行人力的补充或减员。

4.按合同支付劳务报酬，解除劳务合同后，将人员遣归劳务市场。

（三）企业劳务管理部门在人力资源动态管理中的职责

企业劳务管理部门对劳动力进行集中管理，在动态管理中起着主导作用，它应做好以下工作：

1.根据施工任务的需要和变化，从社会劳务市场中招募和遣返劳动力。

2.根据项目经理部提出的劳动力需要量计划与项目经理部签订劳务合同，按合同向作业队下达任务，派遣队伍。

3.对劳动力进行企业范围内的平衡、调度和统一管理。某一施工项目中的承包任务完成后，收回作业人员，重新进行平衡、派遣。

4.负责企业劳务人员的工资、奖金管理，实行按劳分配，兑现奖罚。

四、人力资源的教育培训

作为建筑工程项目管理活动中至关重要的一个环节，人力资源培训与考核起到了及时为项目输送合适的人才，在项目管理在过程中不断提高员工素质和适应力，全力推动项目进展等作用。在组织竞争与发展中，努力使人力资源增值，从长远来说是一项战略任务，而培训开发是人力资源增值的重要途径。

建筑业属于劳动密集型产业，人员素质层次不同，劳动用工中合同工和临时工比重大，人员素质较低，劳动熟练程度参差不齐，专业跨度大，室外作业及高空作业多，使得人力资源管理具有很大的复杂性。只有加强人力资源的教育培训，对拟用的人力资源进行岗前教育和业务培训，不断提高员工素质，才能提高劳动生产率，充分有效地发挥和利用人力资源，减少事故的发生率，降低成本，提高经济效益。

(一) 合理的培训制度

1. 计划合理

根据以往培训的经验初步拟定各类培训的时间周期。认真细致地分析培训需求，初步安排出不同层次员工的培训时间、培训内容和培训方式。

2. 注重实施

在培训过程当中，做好各个环节的记录，实现培训全过程的动态管理。与参加培训的员工保持良好的沟通，根据培训意见反馈情况，对出现的问题和建议，与培训师进行沟通，及时纠偏。

3. 跟踪培训效果

培训结束后，对培训质量、培训费用、培训效果进行科学的评价。其中，培训效果是评价的重点，主要应包括是否公平分配了企业员工的受训机会、通过培训是否提高了员工满意度、是否节约了时间和成本、受训员工是否对培训项目满意等。

(二) 层次分明的培训

建筑工程项目人员一般有三个层次，即高层管理者、中层协调者和基层执行者。其职责和工作任务各不相同，对其素质的要求自然也是不同的。因此，在培训过程中，对于三个层次人员的培训内容、方式均要有所侧重。如对进场劳务人员首先要进行入场教育和安全教育，使其具备必要的安全生产知识，熟悉有关安全生产规章制度和操作规程，掌握本岗位的安全操作技能；然后不断进行技术培训，提高其施工操作熟练程度。

(三) 合适的培训时机

培训的时机是有讲究的。在建筑工程项目管理中，鉴于施工季节性强的特点，不能强制要求现场技术人员在施工的最佳时机离开现场进行培训，否则不仅会影响生产，培训的效果也会大打折扣。因此合适的培训时机会带来更好的培训效果。

五、人力资源的绩效评价与激励

人力资源的绩效评价既要考虑人力的工作业绩，还要考虑其工作过程、行为方式和客观环境条件并且应与激励机制相结合。

(一) 绩效评价的含义

绩效评价指按一定标准，应用具体的评价方法检查和评定人力个体或群体的工作过

程、工作行为、工作结果，以反映其工作成绩并将评价结果反馈给个体或群体的过程。

绩效评价一般分为三个层次：组织整体的、项目团队或项目小组的、员工个体的绩效评价。其中个体的绩效评价是项目人力资源管理的基本内容。

(二)绩效评价的作用

现代项目人力资源管理是系统性管理，即从人力资源的获得、选择与招聘，到使用中的培训与提高、激励与报酬、考核与评价等全方位、专门的管理体系，其中绩效评价尤其重要。绩效评价为人力资源管理各方面提供反馈信息，作用如下：

1.绩效评价可使管理者重新制定或修订培训计划，纠正可识别的工作失误。

2.确定员工的报酬。现代项目管理要求员工的报酬遵守公平与效率的原则。因此，必须对每位员工的劳动成果进行评定和计量，按劳分配。合理的报酬不仅是对员工劳动成果的认可，还可以产生激励作用，在组织内部形成竞争的氛围。

3.通过绩效评价，可以掌握员工的工作信息，如工作成就、工作态度、知识和技能的运用程度等，从而决定员工的留退、升降、调配。

4.通过绩效评价，有助于管理者对员工实施激励机制，如薪酬奖励、授予荣誉、培训提高等。

为了充分发挥绩效评价的作用，在绩效评价方法、评价过程、评价影响等方面必须遵循公开公平、客观公正、多渠道、多方位、多层次的评价原则。

(三)员工激励

员工激励是做好项目管理工作的重要手段，管理者必须深入了解员工个体或群体的各种需要，正确选择激励手段，制定合理的奖惩制度，恰当地采取奖惩和激励措施。激励能够提高员工的工作效率，有助于项目整体目标的实现，有助于提高员工的素质。

激励方式有多种多样，如物质激励与荣誉激励、参与激励与制度激励、目标激励与环境激励、榜样激励与情感激励等。

第二节　项目材料管理

一、建筑工程项目材料的分类

一般建筑工程项目中用到的材料品种繁多，材料费用占工程造价的比重较大，加强材

料管理是提高经济效益的最主要途径。材料管理应抓住重点，分清主次，分别进行管理控制。材料分类的方法很多。例如：

(一) 按材料的作用分类

按材料在建筑工程中所起的作用可分为主要材料、辅助材料和其他材料。这种分类方法便于制定材料的消耗定额，从而进行成本控制。

(二) 按材料的自然属性分类

按材料的自然属性可分为金属材料和非金属材料。这种分类方法便于根据材料的物理、化学性能进行采购、运输和保管。

(三) 按材料的管理方法分类

ABC 分类法是按材料价值在工程中所占比重来划分的，这种分类方法便于找出材料管理的重点对象，针对不同对象采取不同的管理措施，以便取得良好的经济效益。

ABC 分类法是把成本占材料总成本的 75%~80%，而数量占材料总数量 10%~15% 的材料列为 A 类材料；成本占材料总成本的 10%~15%，而数量占材料总数量 20%~25% 的材料列为 B 类材料；成本占材料总成本的 5%~10%，而数量占材料总数量 65%~70% 的材料列为 C 类材料。

1.A 类材料

A 类材料为重点管理对象，如钢材、水泥、木材、砂子、石子等。由于其占用资金较多，要严格控制订货量，尽量减小库存，把这类材料控制好，能对节约资金起到重要的作用。

2.B 类材料

B 类材料为次要管理对象，对 B 类材料也不能忽视，应认真管理，定期检查，控制其库存，按经济批量订购，按储备定额储备。

3.C 类材料

C 类材料为一般管理对象，可采取简化方法管理，稍加控制即可。

二、建筑工程项目材料管理的任务

建筑工程项目材料管理的主要任务可归纳为保证供应、降低消耗、加速周转、节约费用四个方面，具体内容有：

（一）保证供应

材料管理的首要任务是根据施工生产的要求，按时、按质、按量供应生产所需的各种材料。经常保持供需平衡，既不短缺导致停工待料也不超储积压造成浪费和资金周转失灵。

（二）降低消耗

合理节约地使用各种材料，提高它们的利用率。为此，要制定合理的材料消耗定额，严格地按定额计划平衡材料、供应材料、考核材料消耗情况，在保证供应的前提下监督材料的合理使用、节约使用。

（三）加速周转

缩短材料的流通时间，加速材料周转，这也意味着加快资金的周转。为此，要统筹安排供应计划，搞好供需衔接；要合理选择运输方式和运输工具，尽量就近组织供应，力争直达直拨供应，减少二次搬运；要合理设库和科学地确定库存储备量，保证及时供应，加快周转。

（四）节约费用

全面地实行核算，不断降低材料管理费用，以最少的资金占用，最低的材料成本，完成最多的生产任务。为此，在材料供应管理工作中必须明确经济责任，加强经济核算，提高经济效益。

三、建筑工程项目材料的供应

（一）企业管理层的材料采购供应

建筑工程项目材料管理的目的是贯彻节约原则，降低工程成本。材料管理的关键环节在于材料的采购供应。工程项目所需要的主要材料和大宗材料应由企业管理层负责采购，并按计划供应给项目经理部，企业管理层的采购与供应直接影响着项目经理部工程项目目标的实现。

企业物流管理部门对工程项目所需的主要材料、大宗材料实行统一计划、统一采购、统一供应、统一调度和统一核算，并对使用效果进行评估，实现工程项目的材料管理目标。企业管理层材料管理的主要任务有：

1.综合各项目经理部材料需用量计划，编制材料采购和供应计划，确定并考核施工项

目的材料管理目标。

2.建立稳定的供货渠道和资源供应基地，在广泛搜集信息的基础上发展多种形式的横向联合，建立长期、稳定、多渠道可供选择的货源，组织好采购招标工作，以便获取优质低价的物质资源，为提高工程质量、降低工程成本打下牢固的物质基础。

3.制定本企业的材料管理制度，包括材料目标管理制度、材料供应和使用制度，并进行有效的控制、监督和考核。

(二) 项目经理部的材料采购

为了满足施工项目的特殊需要，调动项目管理层的积极性，企业应授权项目经理部必要的材料采购权，负责采购授权范围内所需的材料，以利于弥补相互间的不足，保证供应。随着市场经济的不断完善，建筑材料市场必将不断扩大，项目经理部的材料采购权也会越来越大。此外，对于企业管理层的采购供应，项目管理层也可拥有一定的建议权。

(三) 企业应建立内部材料市场

为了提高经济效益，促进节约，培养节约意识，降低成本，提高竞争力，企业应在专业分工的基础上把商品市场的契约关系、交换方式、价格调节、竞争机制等引入企业，建立企业内部的材料市场，满足施工项目的材料需求。

在内部材料市场中，企业材料部门是卖方，项目管理层是买方，各方的权限和利益由双方签订买卖合同予以明确。主要材料和大宗材料、周转材料、大型工具、小型及随手工具均应采取付费或租赁方式在内部材料市场解决。

四、建筑工程项目材料的现场管理

(一) 材料的管理责任

项目经理是现场材料管理的全面领导者和责任者；项目经理部材料员是现场材料管理的直接责任人；班组料具员在主管材料员业务指导下，协助班组长并监督本班组合理领料、用料、退料。

(二) 材料的进场验收

材料进场验收能够划清企业内部和外部经济责任，防止进料中的差错事故和因供货单位、运输单位的责任事故给企业造成不必要的损失。

1.进场验收要求

材料进场验收必须做到认真、及时、准确、公正、合理；严格检查进场材料的有害物质含量检测报告，按规范应复验的必须复验，无检测报告或复验不合格的应予以退场；严禁使用有害物质含量不符合国家规定的建筑材料。

2.进场验收

材料进场前应根据施工现场平面图进行存料场地及设施的准备，保持进场道路畅通，以便运输车辆进出。验收的内容包括单据验收、数量验收和质量验收。

(三)材料的储存与保管

材料的储存应根据材料的性能和仓库条件，按照材料保管规程，采用科学的方法进行保管和保养，以减少材料保管损耗，保持材料原有使用价值。进场的材料应建立台账，要日清、月结、定期盘点、账实相符。

(四)材料的发放和领用

材料领发标志着料具从生产储备转入生产消耗，必须严格执行领发手续，明确领发责任。控制材料的领发，监督材料的耗用，是实现工程节约，防止超耗的重要保证。

凡有定额的工程用料，都应凭定额领料单实行限额领料。限额领料是指在施工阶段对施工人员所使用物资的消耗量控制在一定的消耗范围内，是企业内开展定额供应，提高材料的使用效果和企业经济效益，降低材料成本的基础和手段。超限额的用料在用料前应办理手续，填写超限额领料单，注明超耗原因，经项目经理部材料管理人员审批后实施。

材料的领发应建立领发料台账，记录领发状况和节超状况，分析、查找用料节超原因，总结经验，吸取教训，不断提高管理水平。

五、材料的使用监督

对材料的使用进行监督是为了保证材料在使用过程中能合理地消耗，充分发挥其最大效用。监督的内容包括：是否认真执行领发手续；是否严格执行配合比；是否按材料计划合理用料；是否做到随领随用、工完料净、工完料退、场退地清；谁用谁清；是否按规定进行用料交底和工序交接；是否做到按平面图堆料；是否按要求保护材料等。检查是监督的手段，检查要做好记录，对存在的问题应及时分析处理。

第三节　项目机械设备管理

随着工程施工机械化程度的不断提高，机械设备在施工过程中发挥着不可替代的决定性作用。施工机械设备的先进程度及数量是施工企业的主要生产力，是保持企业在市场经济中稳定协调发展的重要物质基础。加强建筑工程项目机械设备管理对于充分发挥机械设备的潜力，降低工程成本，提高经济效益起着决定性的作用。

一、机械设备管理的内容

机械设备管理的具体工作内容包括：机械设备的选择及配套、维修和保养、检查和修理、制定管理制度、提高操作人员技术水平、有计划地做好机械设备的改造和更新。

二、建筑工程项目机械设备的来源

建筑工程项目所需用的机械设备通常由以下方式获得：

(一)企业自有

建筑企业根据本身的性质、任务类型、施工工艺特点和技术发展趋势购置部分企业常年大量使用的机械设备，达到较高的机械利用率和经济效果。项目经理部可调配或租赁企业自有的机械设备。

(二)租赁方式

某些大型、专用的特殊机械设备，建筑企业不适宜自行装备时可以租赁方式获得使用。

租用施工机械设备时必须注意核实以下内容：出租企业的营业执照、租赁资质、机械设备安装资质、安全使用许可证、设备安全技术定期检定证明、机械操作人员的作业证等。

(三)机械施工承包

某些操作复杂、工程量较大或要求人与机械密切配合的工程，如大型土方、大型网架安装、高层钢结构吊装等可由专业机械化施工公司承包。

（四）企业新购

根据施工情况需要自行购买的施工机械设备、大型机械及特殊设备，应充分调研，制定出可行性研究报告，上报企业管理层和专业管理部门审批。

施工中所需的机械设备具体采用哪种方式获得，应通过技术经济分析确定。

三、建筑工程项目机械设备的合理使用

要使施工机械正常运转，在使用过程中经常保持完好的技术状况，就要尽量地避免机件的过早磨损及消除可能产生的事故，延长机械的使用寿命，提高机械的生产效率。合理使用机械设备必须做好以下工作：

（一）人机固定

实行机械使用、保养责任制，指定专人使用、保养，实行专人专机，以便操作人员更好地熟悉机械性能和运转情况，更好地操作设备。非本机人员严禁上机操作。

（二）实行操作证制度

对所有机械操作人员及修理人员都要进行上岗培训，建立培训档案，让他们既掌握实际操作技术又懂得基本的机械理论知识和机械构造，经考核合格后持证上岗。

（三）遵守合理使用规定

严格遵守合理的使用规定，防止机件早期磨损，延长机械使用寿命和修理周期。

（四）实行单机或机组核算

将机械设备的维护、机械成本与机车利润挂钩进行考核，根据考核成绩实行奖惩，这是提高机械设备管理水平的重要举措。

（五）合理组织机械设备施工

加强维修管理，提高单机效率和机械设备的完好率，合理组织机械调配，搞好施工计划工作。

（六）做好机械设备的综合利用

施工现场使用的机械设备尽量做到一机多用，充分利用台班时间，提高机械设备的利

用率。如垂直运输机械也可在回转范围内做水平运输、装卸等。

(七)机械设备安全作业

在机械作业前项目经理部应向操作人员进行安全操作交底，使操作人员清楚地了解施工要求、场地环境、气候等安全生产要素。项目经理部应按机械设备的安全操作规程安排工作和进行指挥，不得要求操作人员违章作业，也不得强令机械设备带病操作，更不得指挥和允许操作人员野蛮施工。

(八)为机械设备的施工创造良好条件

现场环境、施工平面布置应满足机械设备作业要求，道路交通应畅通、无障碍，夜间施工要安排好照明。

四、建筑工程项目机械设备的保养与维修

为保证机械设备经常处于良好的技术状态，必须强化对机械设备的维护保养工作。机械设备的保养与维修应贯彻"养修并重、预防为主"的原则，做到定期保养，强制进行，正确处理使用、保养和修理的关系，不允许只用不养，只修不养。

(一)机械设备的保养

机械设备的保养坚持推广以"清洁、润滑、调整、紧固、防腐"为主要内容的"十字"作业法，实行例行保养和定期保养制，严格按使用说明书规定的周期及检查保养项目进行。

1.例行（日常）保养

例行保养属于正常使用管理工作，不占用机械设备的运转时间，例行保养是在机械运行的前后及过程中进行的清洁和检查，主要检查要害、易损零部件（如机械安全装置）的情况、冷却液、润滑剂、燃油量、仪表指示等。例行保养由操作人员自行完成并认真填写机械例行保养记录。

2.强制保养

所谓强制保养是按一定的周期和内容分级进行，需占用机械设备运转时间而停工进行的保养。机械设备运转到了规定的时限，不管其技术状态好坏，任务轻重，都必须按照规定作业范围和要求进行检查和维护保养，不得借故拖延。

企业要开展现代化管理教育，使各级领导和广大设备使用工作者认识到：机械设备的

完好率和使用寿命在很大程度上取决于保养工作的好坏。如忽视机械技术保养,只顾眼前的需要和方便,直到机械设备不能运转时才停用,则必然会导致设备的早期磨损、寿命缩短,各种材料消耗增加,甚至危及安全生产。不按照规定保养设备是粗野的使用、愚昧的管理,与现代化企业的科学管理是背道而驰的。

(二)机械设备的维修

机械设备修理是对机械设备的自然损耗进行修复,排除机械运行的故障,对损坏的零部件进行更换、修复。对机械设备的维修可以保证机械设备的使用效率,延长使用寿命。机械设备修理分为大修理、中修理和小修理。

1.大修理

大修理是对机械设备进行全面的解体检查修理,保证各零部件质量和配合要求,使其达到良好的技术状态,恢复可靠性和精度等工作性能,以延长机械的使用寿命。

2.中修理

中修理是更换与修复设备的主要零部件和数量较多的其他磨损件,并校正机械设备的基准,恢复设备的精度、性能和效率,以延长机械设备的大修间隔。

3.小修理

小修理一般指临时安排的修理,目的是消除操作人员无力排除的突然故障、个别零件损坏或一般事故性损坏等问题,一般都和保养相结合,不列入修理计划。而大修、中修需列入修理计划,并按计划的预检修制度执行。

第四节 项目技术管理

一、建筑工程项目技术管理工作的内容

建筑工程项目技术管理工作包括技术管理基础工作、施工过程的技术管理工作、技术开发管理工作三方面的内容。

(一)技术管理基础工作

技术管理基础工作包括:实行技术责任制、执行技术标准与规程、制定技术管理制度、开展科学研究、开展科学实验、交流技术情报和管理技术文件等。

(二)施工过程技术管理工作

施工过程的技术管理工作包括：施工工艺管理、材料试验与检验、计量工具与设备的技术核定、质量检查与验收和技术处理等。

(三)技术开发管理工作

技术开发管理工作包括：技术培训、技术革新、技术改造、合理化建议和技术攻关等。

二、建筑工程项目技术管理基本制度

(一)图纸自审与会审制度

建立图纸会审制度，明确会审工作流程，了解设计意图，明确质量要求，将图纸上存在的问题和错误、专业之间的矛盾等尽可能地在工程开工之前解决。

施工单位在收到施工图及有关技术文件后应立即组织有关人员学习研究施工图纸。在学习、熟悉图纸的基础上进行图纸自审。

图纸会审是指在开工前由建设单位或其委托的监理单位组织、设计单位和施工单位参加，对全套施工图纸共同进行的检查与核对。图纸会审的程序为：

1.设计单位介绍设计意图和图纸、设计特点及对施工的要求。

2.施工单位提出图纸中存在的问题和对设计的要求。

3.三方讨论与协商，解决提出的问题，写出会议纪要，交给设计人员，设计人员对会议纪要提出的问题进行书面解释或提出设计变更通知书。

(二)建筑工程项目管理实施规划与季节性施工方案管理制度

建筑工程项目管理实施规划是整个工程施工管理的执行计划，必须由项目经理组织项目经理部在开工前编制完成，旨在指导施工项目实施阶段的管理和施工。

(三)技术交底制度

制定技术交底制度，明确技术交底的详细内容和施工过程中需要跟踪检查的内容，以保证技术责任制的落实、技术管理体系正常运转以及技术工作按标准和要求运行。

技术交底是在正式施工前对参与施工的有关管理人员、技术人员及施工班组的工人交代工程情况和技术要求，避免发生指导和操作错误，以便科学地组织施工，并按合理的工

序、工艺流程进行作业。技术交底包括整个工程、各分部分项工程、特殊和隐蔽工程，应重点强调易发生质量事故和安全事故的工程部位或工序，防止发生事故。技术交底必须满足施工规范、规程、工艺标准、质量验收标准和施工合同条款。

1.技术交底形式

（1）书面交底

把交底的内容和技术要求以书面形式向施工的负责人和全体有关人员交底，交底人与接受人在交底完成后分别在交底书上签字。

（2）会议交底

通过组织相关人员参加会议，向到会者进行交底。

（3）样板交底

组织技术水平较高的工人做出样板，经质量检查合格后，对照样板向施工班组交底。交底的重点是操作要领、质量标准和检验方法。

（4）挂牌交底

将交底的主要内容、质量要求写在标牌上，挂在操作场所。

（5）口头交底

适用于人员较小，操作时间比较短，工作内容比较简单的项目。

（6）模型交底

对于比较复杂的设备基础或建筑构件，可做模型进行交底，使操作者加深认识。

2.设计交底

由设计单位的设计人员向施工单位交底一般和图纸会审一起进行。内容包括：设计文件的依据，建设项目所处规划位置、地形、地貌、气象、水文地质、工程地质、地震烈度，施工图设计依据，设计意图以及施工时的注意事项等。

3.施工单位技术负责人向下级技术负责人交底

施工单位技术负责人向下级技术负责人交底的内容包括：工程概况一般性交底，工程特点及设计意图，施工方案，施工准备要求，施工注意事项，包括地基处理、主体施工、装饰工程的注意事项及工期、质量、安全等。

4.技术负责人对工长、班组长进行技术交底

施工项目技术负责人应按分部分项工程对工长、班组长进行技术交底，内容包括：设计图纸具体要求，施工方案实施的具体技术措施及施工方法，土建与其他专业交叉作业的协作关系及注意事项，各工种之间协作与工序交接质量检查，设计要求、规范、规程、工艺标准，施工质量标准及检验方法，隐蔽工程记录、验收时间及标准，成品保护项目、办

法与制度以及施工安全技术措施等。

5.工长对班组长、工人交底

工长主要利用下达施工任务书的时间对班组长、工人进行分项工程操作交底。

(四)隐蔽、预检工作管理制度

隐蔽、预检工作实行统一领导,分专业管理。各专业应明确责任人,管理制度要明确隐蔽、预检的项目和工作程序,参加的人员制定分栋号、分层、分段的检查计划,对遗留问题的处理要有专人负责。确保及时、真实、准确、系统,资料完整具有可追溯性。

隐蔽工程是指完工后将被下一道工序掩盖,其质量无法再次进行复查的工程部位。隐蔽工程项目在隐蔽前应进行严密检查,做好记录,签署意见,办理验收手续,不得后补。如有问题需复验的,必须办理复验手续,并由复验人作出结论,填写复验日期。

施工预检是工程项目或分项工程在施工前所进行的预先检查。预检是保证工程质量、防止发生质量事故的重要措施。除施工单位自身进行预检外,监理单位还应对预检工作进行监督并予以审核认证。预检时要做好记录。建筑工程的预检项目如下:

1.建筑物位置线

建筑物位置线包括水准点、坐标控制点和平面示意图,重点工程应有测量记录。

2.基槽验线

基槽验线包括轴线、放坡边线、断面尺寸、标高(槽底标高、垫层标高)和坡度等。

3.模板

模板包括几何尺寸、轴线、标高、预埋件和留孔洞位置、模板牢固性、清扫口留置、模板清理、脱膜剂涂刷和止水要求等。

4.楼层放线

楼层放线包括各层墙柱轴线和边线。

5.翻样检查

翻样检查包括几何尺寸和节点做法等。

6.预制构件吊装

预制构件吊装过程一般包括绑扎、吊升、就位、临时固定、校正和最后固定等工序。

7.设备基础

设备基础包括位置、标高、几何尺寸、预留孔和预埋件等。

（五）材料、设备检验和施工试验制度

由项目技术负责人明确责任人和分专业负责人，明确材料、成品、半成品的检验和施工试验的项目，制定试验计划和操作规程，对结果进行评价。确保项目所用材料、构件、零配件和设备的质量，进而保证工程质量。

（六）工程洽商、设计变更管理制度

由项目技术负责人指定专人组织制定管理制度，经批准后实施。明确工程洽商内容、技术洽商的责任人及授权规定等。涉及影响规划及公用、消防部门已审定的项目，如改变使用功能，增减建筑高度、面积，改变建筑外廓形态及色彩等项目时，应明确其变更需具备的条件及审批的部门。

（七）技术信息和技术资料管理制度

技术信息和技术资料的形成，必须建立责任制度，统一领导，分专业管理，做到及时、准确、完整，符合法规要求，无遗留问题。

技术信息和技术资料由通用信息、资料（法规和部门规章、材料价格表等）和本工程专项信息资料两大部分组成。前者是指导性、参考性资料，后者是工程归档资料，是为工程项目交工后，给用户在使用维护、改建、扩建及给本企业再有类似的工程施工时做参考。工程归档资料是在生产过程中直接产生和自然形成的，内容有：图纸会审记录，设计变更，技术核定单，原材料、成品、半成品的合格证明及检验记录，隐蔽工程验收记录等；还有工程项目施工管理实施规划、研究与开发资料、大型临时设施档案、施工日志和技术管理经验总结等。

（八）技术措施管理制度

技术措施是为了克服生产中的薄弱环节，挖掘生产潜力，保证完成生产任务，获得良好经济效果，在提高技术水平方面采取的各种手段或办法。技术措施不同于技术革新，技术革新强调一个"新"字，而技术措施则是综合已有的先进经验或措施。要做好技术措施工作，必须编制并执行技术措施计划。

（九）计量、测量工作管理制度

制定计量、测量工作管理制度，明确需计量和测量的项目及其所使用的仪器、工具，规定计量和测量操作规程，对其成果、工具和仪器设备进行管理。

（十）其他技术管理制度

除以上几项主要技术管理制度外，施工项目经理部还应根据实际需要制定其他技术管理制度，保证相关技术工作正常运行。如土建与水电专业施工协作技术规定、技术革新与合理化建议管理制度和技术发明奖励制度等。

参考文献

［1］赵军生. 建筑工程施工与管理实践［M］. 天津：天津科学技术出版社，2022. 06.

［2］林环周. 建筑工程施工成本与质量管理［M］. 长春：吉林科学技术出版社，2022. 08.

［3］张立华，宋剑，高向奎. 绿色建筑工程施工新技术［M］. 长春：吉林科学技术出版社，2022.

［4］胡广田. 智能化视域下建筑工程施工技术研究［M］. 西安：西北工业大学出版社，2022. 03.

［5］贾炳，娄全，彭荣富. 建筑工程施工安全性综合评价与应急管理研究［M］. 哈尔滨：东北林业大学出版社，2022. 08.

［6］肖义涛，林超，张彦平. 建筑施工技术与工程管理［M］. 北京：中华工商联合出版社，2022. 07.

［7］黄海荣，袁炼. 建筑装饰工程施工技术［M］. 北京：北京航空航天大学出版社，2022. 08.

［8］张瑞，毛同雷，姜华. 建筑给排水工程设计与施工管理研究［M］. 长春：吉林科学技术出版社，2022. 08.

［9］檀建成，刘东娜，杨平. 建筑工程施工组织与管理［M］. 北京：清华大学出版社，2022. 10.

［10］王学全. 建筑工程施工与监理常识［M］. 北京：中国建筑工业出版社，2022. 08.

［11］于立君，胡金红. 建筑工程施工组织第3版［M］. 北京：高等教育出版社，2022. 02.

［12］刘太阁，杨振甲，毛立飞. 建筑工程施工管理与技术研究［M］. 长春：吉林科学技术出版社，2022. 08.

［13］张统华. 建筑工程施工管理研究［M］. 长春：吉林科学技术出版社，2022. 08.

［14］别金全，赵民佑，高海燕. 建筑工程施工与混凝土应用［M］. 长春：吉林科学技术出版社，2022. 08.

［15］于飞，闫伟，亓领超. 建筑工程施工管理与技术［M］. 长春：吉林科学技术出版

社，2022. 09.

[16] 史华. 建筑工程施工技术与项目管理［M］. 武汉：华中科技大学出版社，2022. 10.

[17] 吴松勤，戚立强. 建筑工程施工质量验收应用讲座［M］. 北京：中国建材工业出版社，2022. 10.

[18] 刘其贤. 建筑工程施工安全隐患问题分级［M］. 济南：山东科学技术出版社，2022. 03.

[19] 李树芬. 建筑工程施工组织设计［M］. 北京：机械工业出版社，2021. 01.

[20] 何相如，王庆印，张英杰. 建筑工程施工技术及应用实践［M］. 长春：吉林科学技术出版社，2021. 08.

[21] 张志伟，李东，姚非. 建筑工程与施工技术研究［M］. 长春：吉林科学技术出版社，2021. 08.

[22] 子重仁. 建筑工程施工信息化技术应用管理研究［M］. 西安：西北工业大学出版社，2021. 10.

[23] 孙雁琳，李蔚. 建筑防水工程施工［M］. 北京：北京理工大学出版社，2021. 10.

[24] 梁勇，袁登峰，高莉. 建筑机电工程施工与项目管理研究［M］. 北京：文化发展出版社，2021. 05.

[25] 于立竹. 建筑工程施工组织与管理［M］. 北京：中国商业出版社，2021.

[26] 龙炎飞. 建筑工程管理与实务百题讲坛［M］. 北京：中国建材工业出版社，2020. 04.

[27] 姚亚锋，张蓓. 建筑工程项目管理［M］. 北京：北京理工大学出版社，2020. 12.

[28] 袁志广，袁国清. 建筑工程项目管理［M］. 成都：电子科学技术大学出版社，2020. 08.

[29] 赵媛静. 建筑工程造价管理［M］. 重庆：重庆大学出版社，2020. 08.

[30] 杜峰，杨凤丽，陈升. 建筑工程经济与消防管理［M］. 天津：天津科学技术出版社，2020. 05.

[31] 李红立. 建筑工程项目成本控制与管理［M］. 天津：天津科学技术出版社，2020. 07.

[32] 蒲娟，徐畅，刘雪敏. 建筑工程施工与项目管理分析探索［M］. 长春：吉林科学技术出版社，2020. 06.

[33] 王俊遐. 建筑工程招标投标与合同管理案头书［M］. 北京：机械工业出版社，2020. 01.